KB049158

세포에서 우주까지, 한눈에 보고 이해하는
쉽고 빠른 과학 안내서

요즘 과학

이민환 지음
이솔이 그림

세포에서
우주까지,
한눈에 보고
이해하는
쉽고 빠른
과학 안내서
요즘
과학
이민환 지음
이솔이 그림

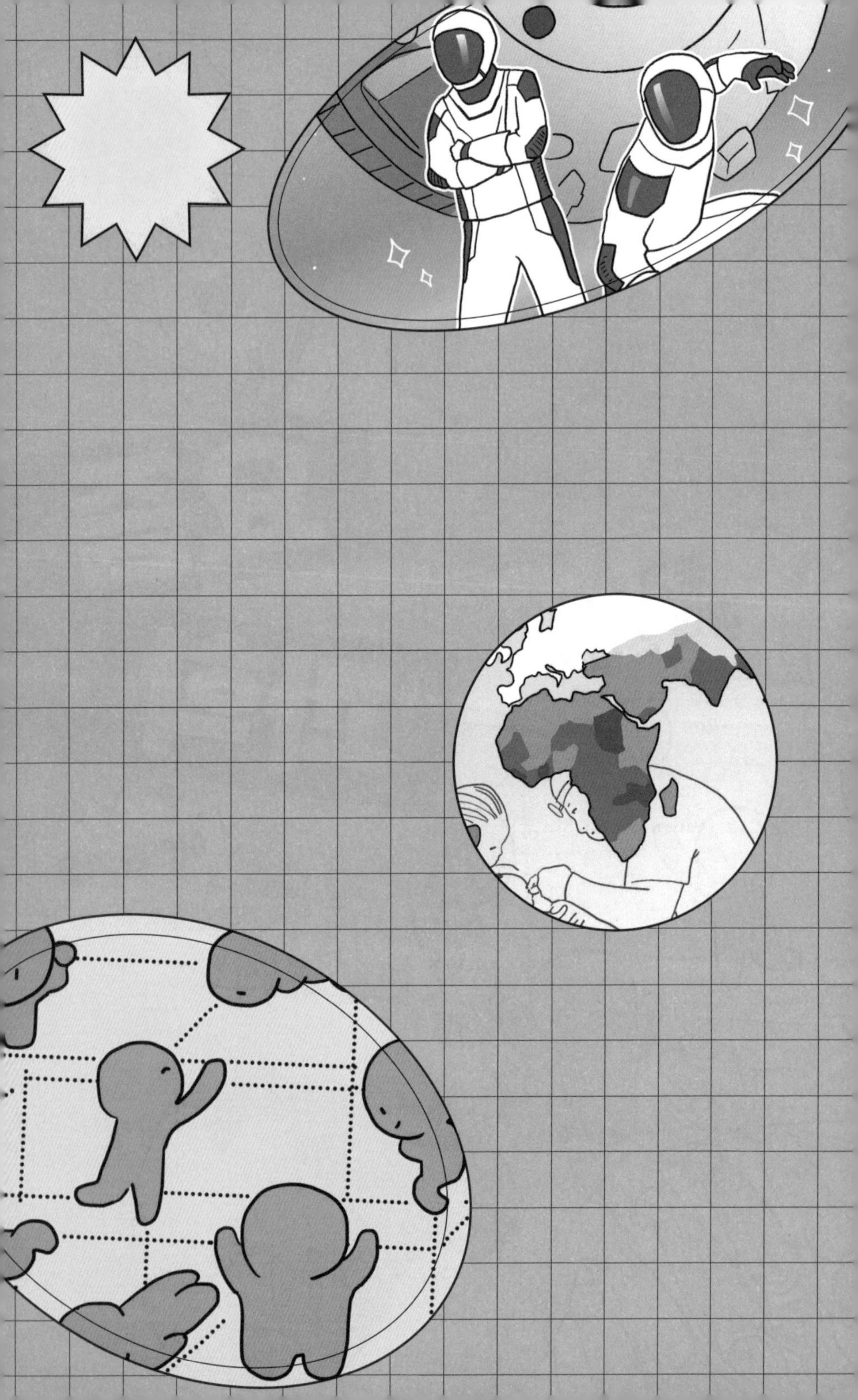

차례

과학은 우리를 어디로 데려갈까?

과학은 때때로 우리를 상상하지 못했던 곳으로 인도하고는 한다. 곳곳에 세워진 중세 시대의 건물들, 여유로워 보이면서도 한편에는 바쁜 걸음을 옮기는 사람들이 뒤섞인 아름다운 도시 파리. 현지 시각으로 9월 18일(한국 시각 9월 19일). 낮에는 햇빛이 쨍쨍해서 반팔 티만 입고 있다가, 조금만 그늘진 곳으로 가면 다시 손에 들고 있던 긴팔 셔츠를 입는다. 변덕스러운 가을 날씨를 한국보다 한발 먼저 맞이하게 될 줄은 꿈에도 몰랐다.

파리 컨벤션 센터에서 2022년 국제우주대회(IAC)가 열렸다. 그리고 나는 이곳에 초대받아 직접 파리로 날아왔다. 행사기간 동안 한국 우주 기업들의 전시물과 기술들, 일본 · 미국 · 유럽 등 여러 나라의 연구 성과물들을 직접 눈으로 보고 영상을 찍었다. 지금까지 여러 연구소를 방문하고 취재하면서 현장의 분위기를 생생하게 담아내려 노력하던 점을 높게 사서 초대받은 거라고 생각하니, 더 열심히 뛰지 않을 수 없었다.

한국에 돌아와 영상을 편집하면서도 당시의 설렘이 되살아났다. 돌이켜보니 처음 유튜브에 영상을 올린 후 어느새 7년이라는 시간이 흘렀다. 그동안 〈지식인 미나니〉는 16만 명이라는 상상하지 못한 수의 구독자와 함께하게 됐다. 시작은 대학교에서 학부생 연구원으로 있으며 들었던 말이었다. "이 실험이 잘 되면 왜 잘 되었는가? 잘 안 되었을 때는 왜 안 되었는가?"를 고민하라는 교수님의 말씀. 대부분의 시간을 대학교 연구실에서 보내던 나에게 그건 항상 '왜?'라는 질문을 달고 살라는 말과 같았다.

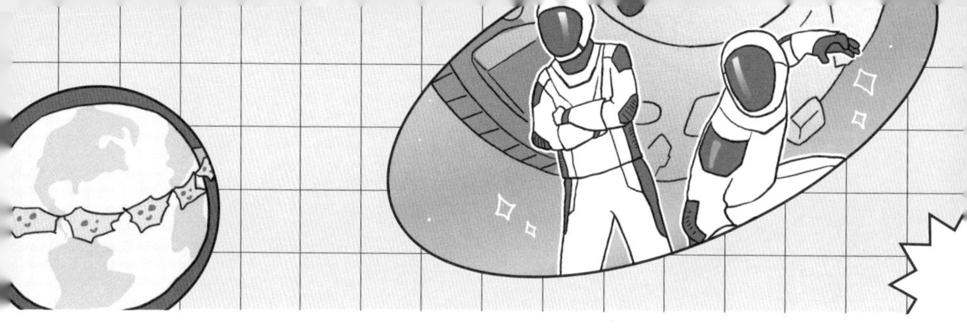

그러다 보니 일상에서도 '왜?'라는 질문을 습관적으로 하게 되었다. "실험실에서 만들어지는 배양육은 무슨 맛일까?" "인류의 절반이 사라진다면 무슨 일이 벌어질까?" "운석이 떨어지면 핵폭탄으로 막을 수 있을까?" 매사에 호기심이 생겨났고, 이를 해결하는 과정이 '과학'과 같은 말이라는 걸 깨닫게 되었다. 이 근사한 사실을 더 많은 사람들과 나누고 싶었다. 그렇게 나의 호기심을 해결하는 과정을 영상으로 만들었고, '과학 유튜버'라는 이름을 가지는 첫 발걸음이 되었다.

여러 해외 국가기관과 연구소의 자료를 하나하나 찾으며 영상 콘텐츠를 만들던 어느 날, 문득 좋은 아이디어가 생각났다. '수집한 자료만으로 내용을 구성하는 것보다, 해당 주제와 관련된 국내 연구기관으로 직접 찾아가면 어떨까? 과학적 원리와 실제 연구 현황을 살펴보면 구독자분들께 훨씬 의미 있는 경험을 선사할 수 있을 텐데!'

나는 곧바로 이 좋은 아이디어를 행동으로 옮겼다. 먼저 지인들이 소속되어 있는 대학원 연구실을 탐방하는 것을 시작으로, 여러 분야의 연구 현장을 영상에 담아 콘텐츠로 만들었다. 연구실에서 생기는 소소한 에피소드나 실제 성과가 나오고 있는 연구를 모두 다루었는데, 다른 지식·정보 유튜버들과 차별된 모습 덕분인지 어느 순간부터는 다양한 국가기관과 연구소에서 협업 제안이 오기 시작했다. 당연히 나는 흔쾌히 승낙했다. 과학과 관련된 현장을 더욱 깊게 들여다볼 수 있는 절호의 기회였기 때문이다.

그렇게 산업통상자원부, 한국항공우주연구원, 식약처, 한국중부발

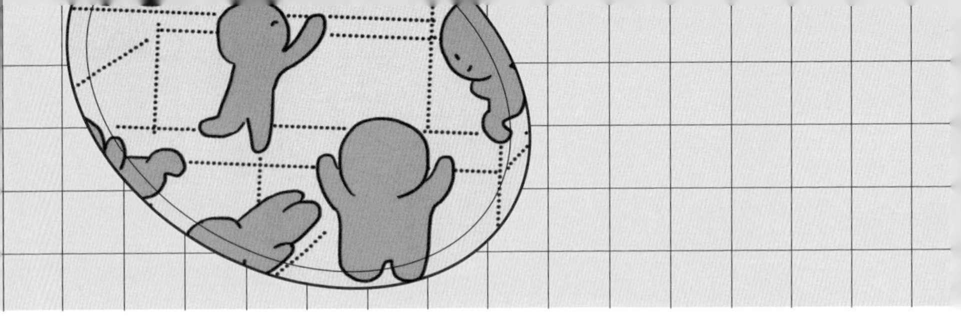

전, 한국동부발전, 한국화학연구원, 국립수산과학원, 대구경북과학기술원, 광주과학기술원 등의 기관을 직접 방문하며 과학이 구체적으로 어디에서 무엇을 변화시키고 있는지 구독자분들께 전달할 수 있었다. 온라인 자료를 넘어선 생생한 현장의 느낌은 나에게도 과학 콘텐츠를 제작하는데 많은 열의를 불러일으켰다.

하지만 동시에 아쉬운 점도 있었다. 영상으로 미처 다 담아내지 못하는 과학적 설명과 역사적 맥락이 번번이 눈에 들어왔다. 방법을 고민하고 있을 무렵, 때마침 출판사 생각의힘에서 남녀노소 누구나 쉽게 접할 수 있는 과학 교양서를 만들어보지 않겠냐는 매력적인 제안이 들어와 기쁜 마음으로 작업에 임했다.

책에서는 기존 영상으로 제작된 콘텐츠를 재구성하면서도, 주제 하나하나에 더 많은 이야기를 담으려 했다. 현장에서 보고 들은 최신 정보를 전달하려는 노력도 잊지 않았다. 하지만 모든 콘텐츠를 '재밌게' 전달하는 것이 과학 유튜버의 숙명이기에, 딱딱한 설명 대신 그림 작가님과 함께 누구나 즐겁게 읽을 수 있는 만화 형식으로 책 전체를 꾸몄다. 재밌고, 즐겁고, 근사한 방식으로 독자들에게《요즘 과학》을 전달하고 싶었다.

이 책이 시작될 수 있게 의견을 피력해주시고 여러모로 힘써주신 박강민 편집자님, 원고의 내용을 보완하며 읽을 때마다 피식피식 웃음이 나오는 유쾌한 그림을 그려주신 이솔이 작가님, 책이 출간될 수 있도록 마지막까지 최선을 다해주신 허태준 편집자님께 감사하다. 더불어 과학 유튜버로서 온·오프라인 활동을 계속 이어가도록 이끌어주신 유튜버들의

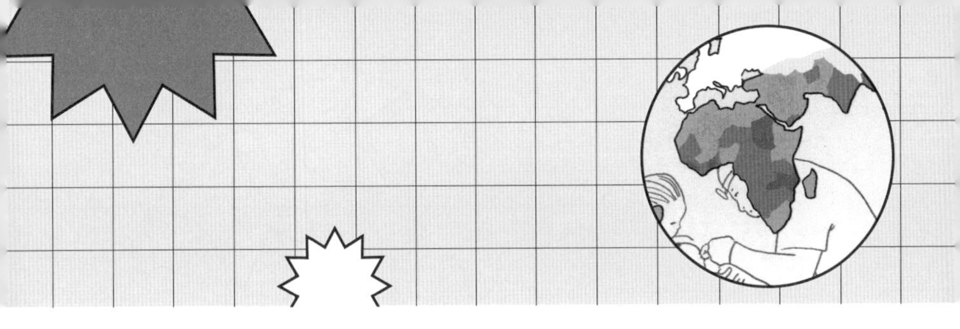

유튜버 송태민(어비) 형님, 항상 옆에서 웃음이 멈추지 않게 만들어주시는 개그맨 이문재 형님, 과학 커뮤니케이터로서의 활동에 영감을 주신 과학쿠키(이효종) 형님, 멋진 추천사로 책을 한층 빛나게 만들어주신 국립과천과학관 이정모 관장님과 유튜브 〈안될 과학〉의 궤도 님께도 감사의 말씀을 전하고 싶다.

마지막으로 〈지식인 미나니〉를 발견하고 협업을 제안해주셨던 모든 기관 및 연구시설, 이번 프랑스 국제우주대회 지원과 콘텐츠 제작 활동에 도움을 주신 무인탐사연구소 UEL, 그리고 만들어진 콘텐츠에 사랑과 응원을 보내주신 구독자분들께 온 마음을 담아 감사하고 또 감사하다.

수많은 현장과 실험실을 취재하며 느낀 건, 과학은 실험실에만 있는 것이 아니라는 사실이다. '왜?'라는 질문이 실험실을 넘어 일상으로 뛰어들어 온 것처럼, 과학도 세상 어디에나 존재한다. 그런 생각을 하면 나는 여전히 설렌다. 이번에는 어떤 즐거운 일이 나를 기다리고 있을까? 대학교 연구실에서 프랑스 파리, 다음에는 과학이 나를 어디로 데려갈까? 우리를, 인류를 어디로 데려갈까? 독자분들도 부디 그런 설렘을 가지고 이 책을 읽어주었으면 좋겠다.

지식인 미나니
이민환 드림

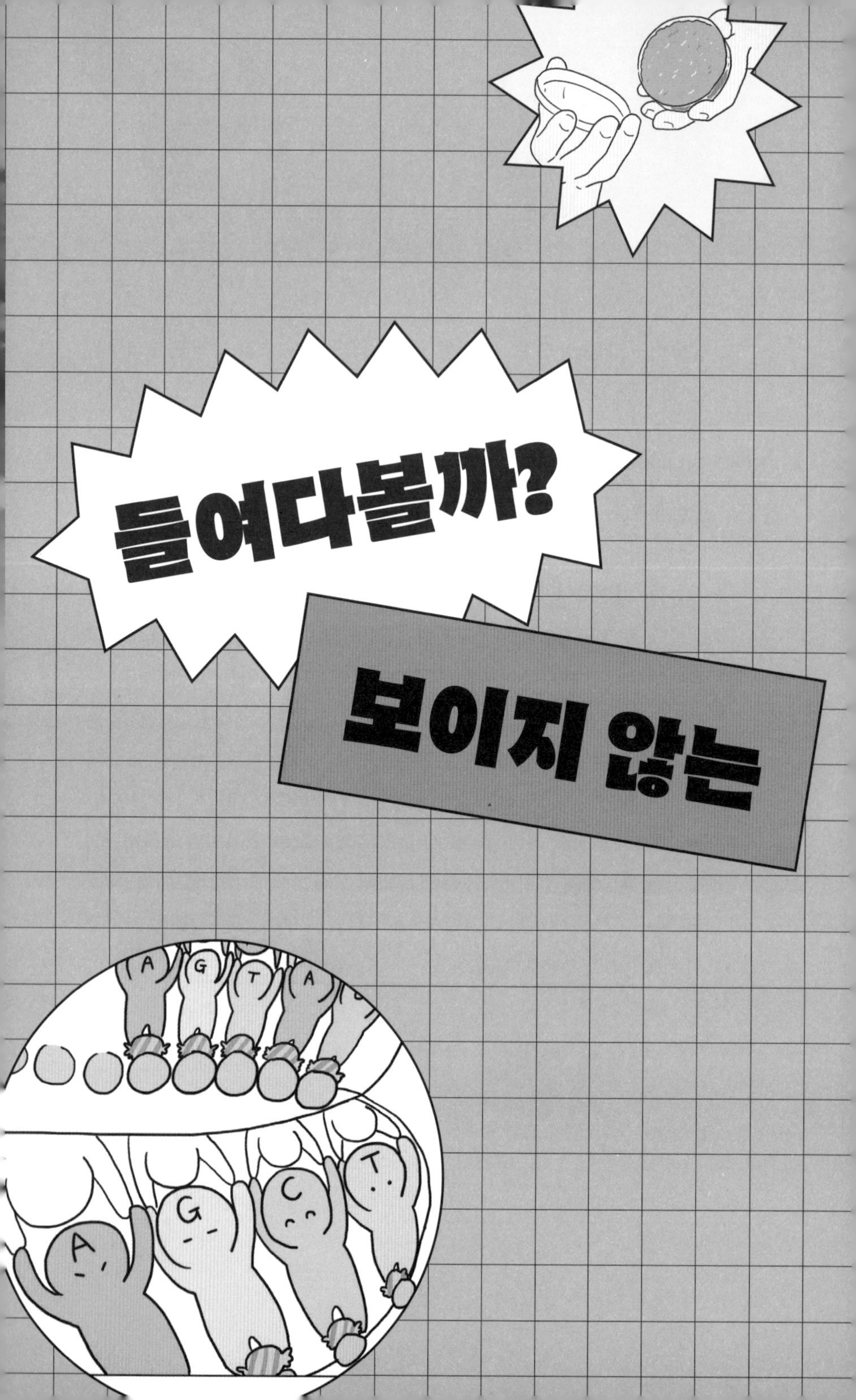

들여다볼까?
보이지 않는
A
G
T
A
A
G
C
T

I
아주
작은 세상까지!

1

공룡의 DNA가 있다면 정말 '쥬라기 공원'을 만들 수 있을까?

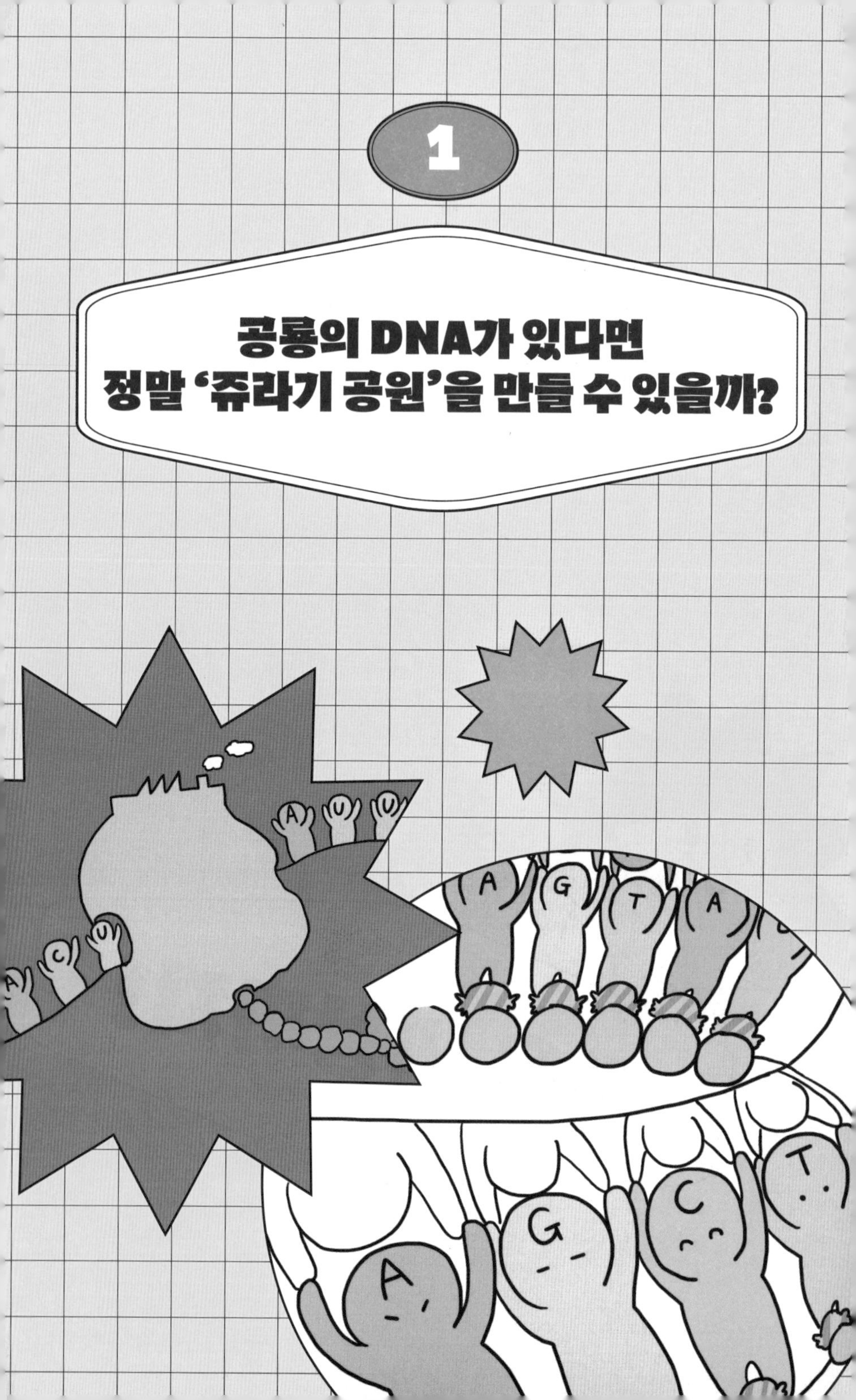

'콩 심은 데 콩 나고 팥 심은 데 팥 난다'라는 우리 속담이 있습니다.

생물학적으로 보면
'혹시 선조들이
유전법칙을 알고 계셨나?'
생각이 들기도 하네요.

실제로 옛날 사람들은 유전을 어떻게 생각했을까요?
기원전 5세기
자넨 부모를 닮았구만?
헉~ 그걸 어떻게?
나는 의학의 아버지 히포크라테스

신체를 형성하는 요소들이
모여서 다음 세대로 전해진다네.
와, 뭔지 모르지만
멋진 말 같아요~
원래
모든 자식은
부모 닮는데….

기원전 4세기
정액과 생리혈로
유전이 일어난다.
아리스토텔레스
이때까지는 생물학과 철학이
혼재되었던 시기죠.

그러다가 1900년대에 들어서 멘델이
완두콩에 우성, 열성 유전자가 동시에 존재하면
우성 유전자만 발현되는 걸 보고
유전법칙을 발견해 공개했습니다.
우성
열성
우성
덕분에 성직자라
결혼은 하지 않았지만
아버지가 되었죠
유전학의 아버지….

1940년대, 캐나다의 유전학자 오즈월드 에이버리는
형질전환 실험을 했습니다.

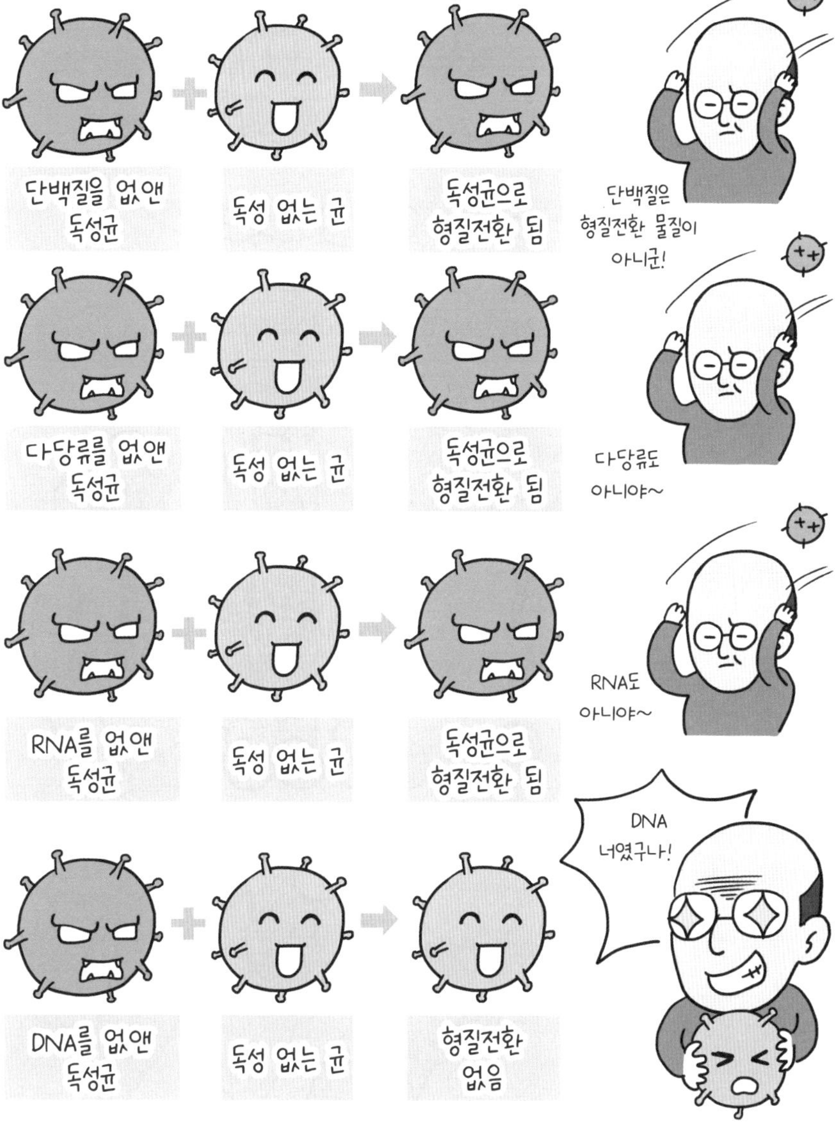

단백질을 없앤 독성균 + 독성 없는 균 → 독성균으로 형질전환 됨

단백질은 형질전환 물질이 아니군!

다당류를 없앤 독성균 + 독성 없는 균 → 독성균으로 형질전환 됨

다당류도 아니야~

RNA를 없앤 독성균 + 독성 없는 균 → 독성균으로 형질전환 됨

RNA도 아니야~

DNA를 없앤 독성균 + 독성 없는 균 → 형질전환 없음

DNA 너였구나!

독성균의 조건을 하나씩 제거하며 독성이 없는 균에 주입하는 실험을 통해,
DNA가 유전 정보를 전달하는 물질임을 알게 되었죠.

이후 과학자들은 DNA가 실처럼 연결되어 있다는 사실과

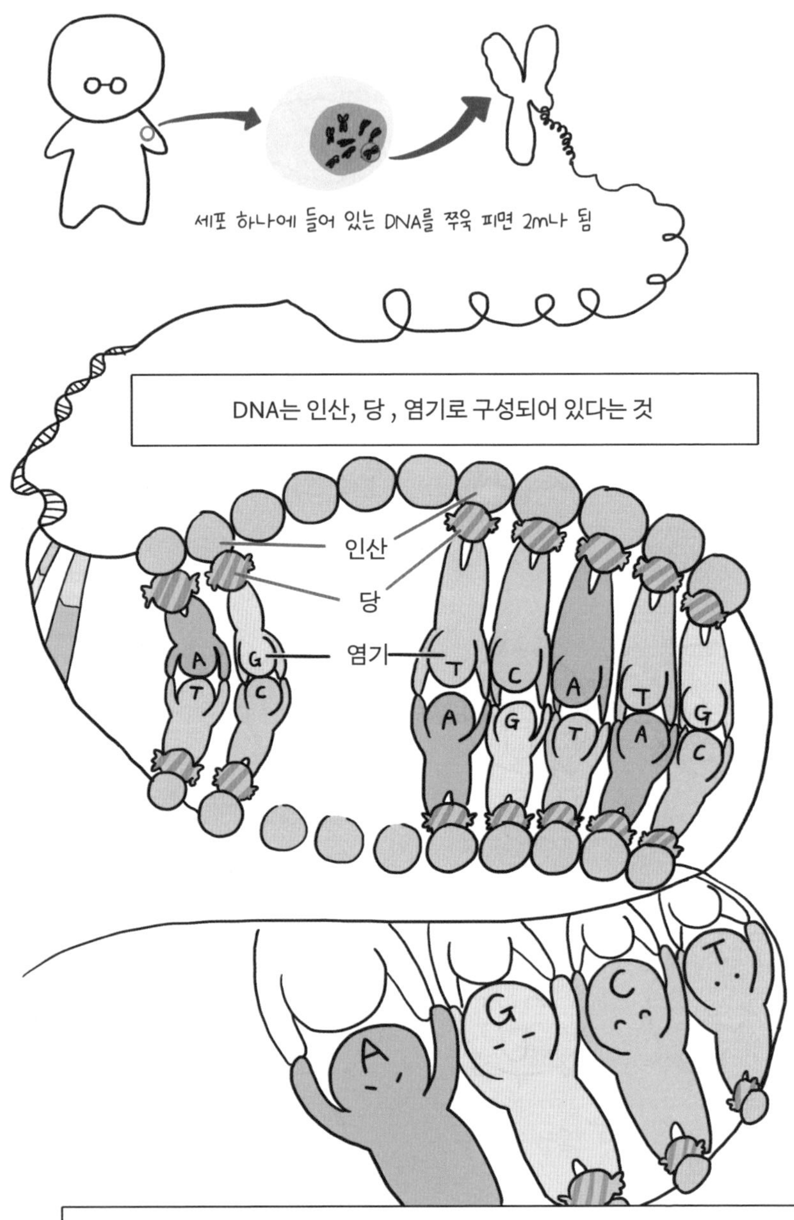

세포 하나에 들어 있는 DNA를 쭈욱 피면 2m나 됨
DNA는 인산, 당 , 염기로 구성되어 있다는 것
인산
당
염기
A
T
G
C

염기에는 아데닌(A), 구아닌(G), 시토신(C), 티민(T)이라는 4가지 물질이 있다는 것을 알게 되었습니다.

그리고 결정적으로 크릭과 왓슨이
'DNA는 두 개의 나선형'이라는 사실을 밝혀냈죠.

왓슨

크릭

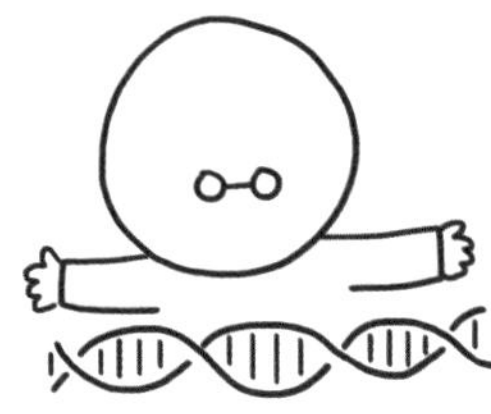

DNA라고 하면
이런 이미지가
바로 떠오르게 되었죠

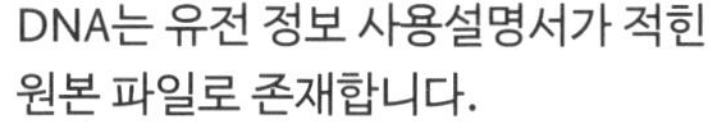

DNA는 유전 정보 사용설명서가 적힌
원본 파일로 존재합니다.

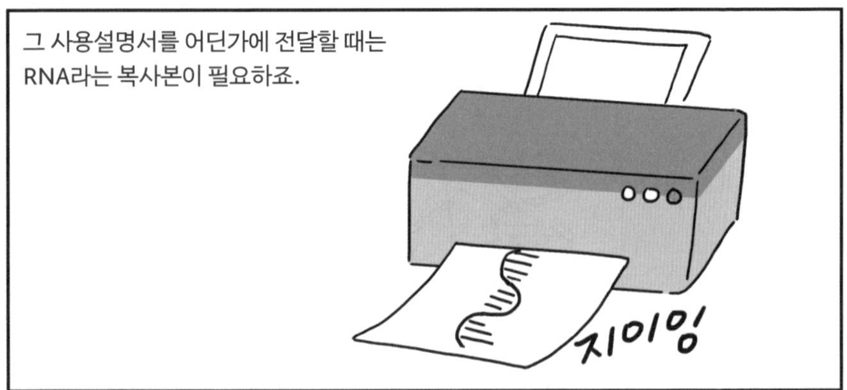
그 사용설명서를 어딘가에 전달할 때는
RNA라는 복사본이 필요하죠.
지이잉

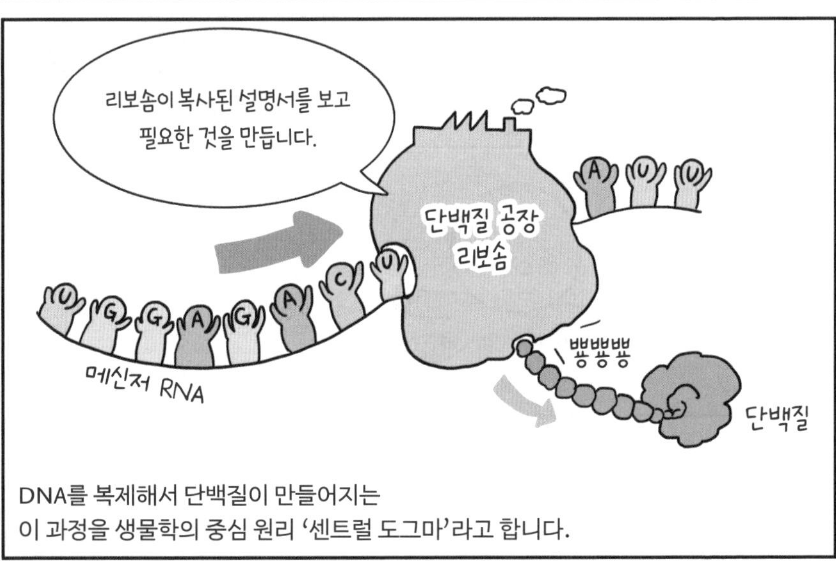
리보솜이 복사된 설명서를 보고
필요한 것을 만듭니다.
단백질 공장
리보솜
A U U
U G G A G A C U
메신저 RNA
뿅뿅뿅
단백질
DNA를 복제해서 단백질이 만들어지는
이 과정을 생물학의 중심 원리 '센트럴 도그마'라고 합니다.

당시 생명 현상과 유전을 지배할 수 있다는 기대감에
크릭과 왓슨의 연구는 1962년 노벨생리의학상을 수상했습니다.
왓슨은 2014년에
노벨상 메달을 경매에 내놔서
475만 달러를 받기도 했죠

질문 있어요~
오~
궁금한 원리가 있나요?
두근두근

아뇨, 노벨상을 산
부자가 궁금해서요
…러시아 부호가 샀지만
왓슨을 존중하는 의미로
다시 돌려줬대요

1990년에 전 세계의 생물학자들이 모여
'인간게놈 프로젝트'를 시작합니다.
인간이 가진 30억 개의 유전자 쌍을
모두 밝히겠습니다!

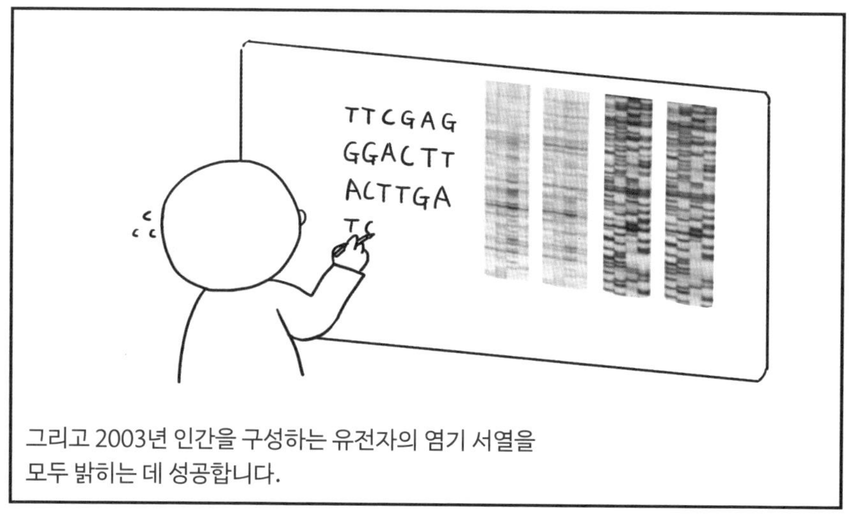
TTCGAG
GGACTT
ACTTGA
TC
그리고 2003년 인간을 구성하는 유전자의 염기 서열을
모두 밝히는 데 성공합니다.

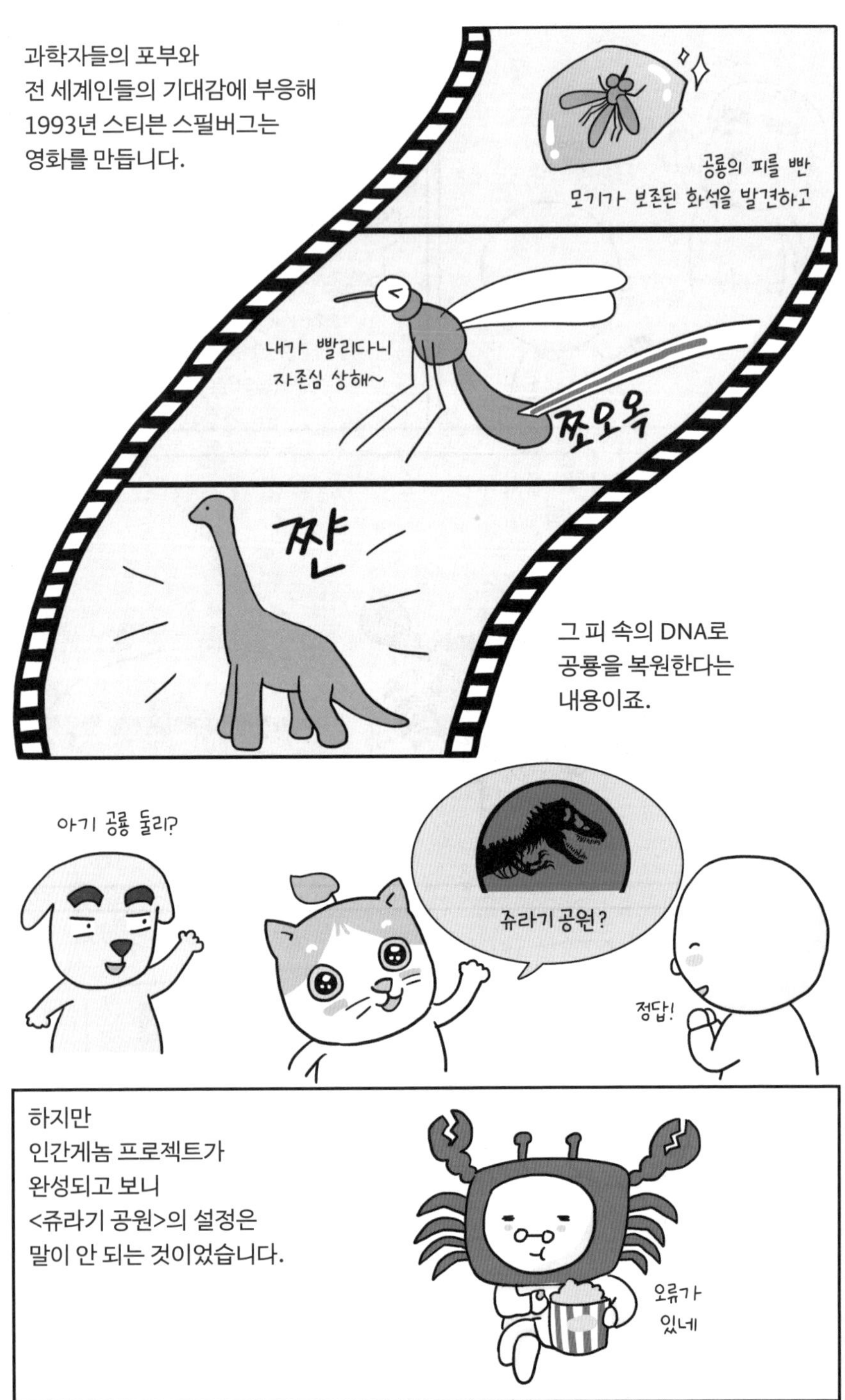
과학자들의 포부와
전 세계인들의 기대감에 부응해
1993년 스티븐 스필버그는
영화를 만듭니다.
공룡의 피를 빤
모기가 보존된 화석을 발견하고
내가 빨리다니
자존심 상해~
쪼오옥
짠
그 피 속의 DNA로
공룡을 복원한다는
내용이죠.
아기 공룡 둘리?
쥬라기 공원?
정답!
하지만
인간게놈 프로젝트가
완성되고 보니
<쥬라기 공원>의 설정은
말이 안 되는 것이었습니다.
오류가
있네

왜냐하면 DNA 중 극히 일부만 생명체가 필요로 하는
단백질, 효소 등을 만드는 데 쓰이고
나머지는 아직 알려지지 않은 것이 대부분이었습니다.

DNA 2%만 생명체에게 필요한 단백질 등을 만들어 냄

그리고 난자와 정자가 만날 때
DNA만으로 태아를 만드는 게 아니라

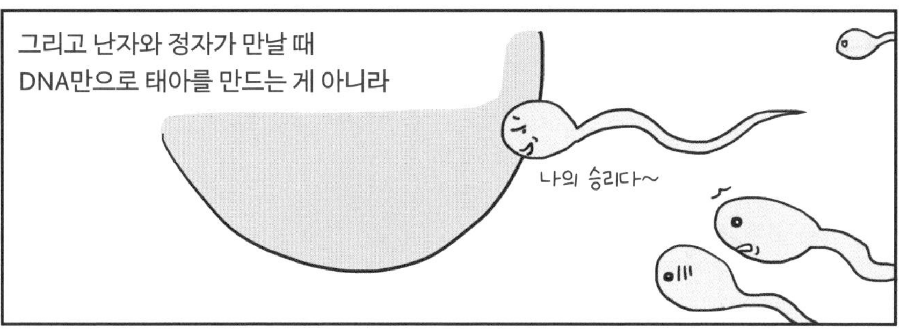
나의 승리다~

생식 세포 안의 수많은 생체분자들, 세포 소기관들도 함께
전달되어 DNA 암호를 해독하고 생명체가 자라게 해줍니다.

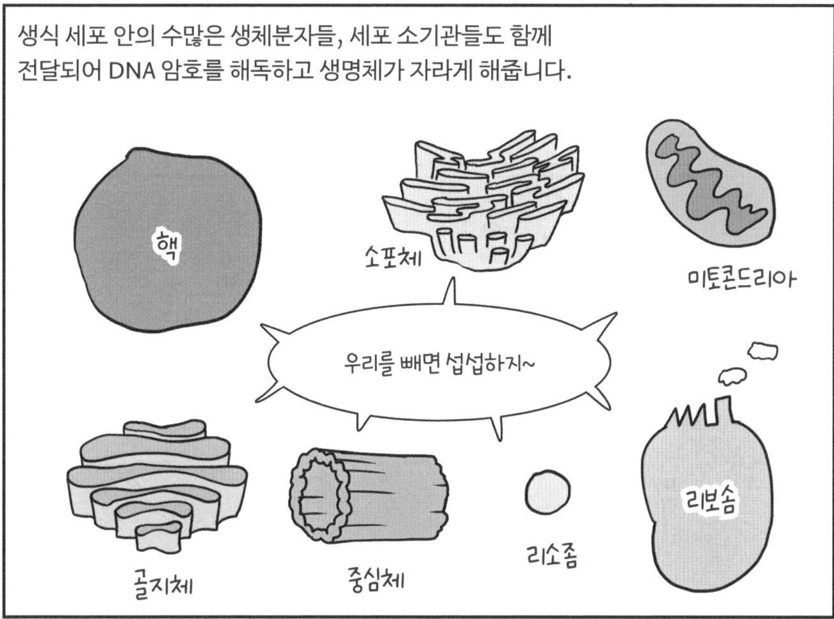
핵
소포체
미토콘드리아
우리를 빼면 섭섭하지~
골지체
중심체
리소좀
리보솜

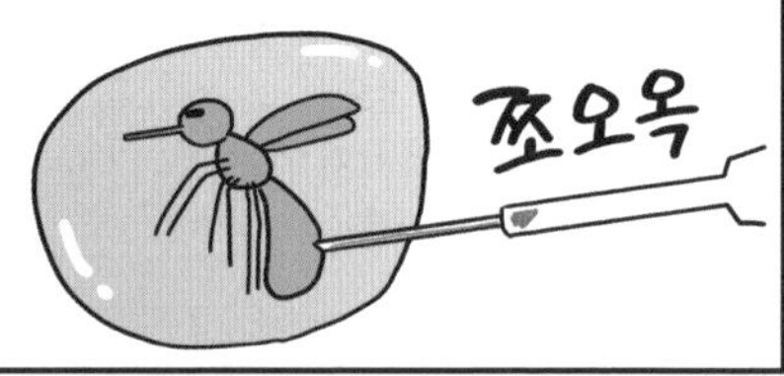
따라서 우리가 실제로
공룡을 복원하려면
우선 오염되지 않은 공룡의
DNA를 구해야 합니다.
쪼오옥

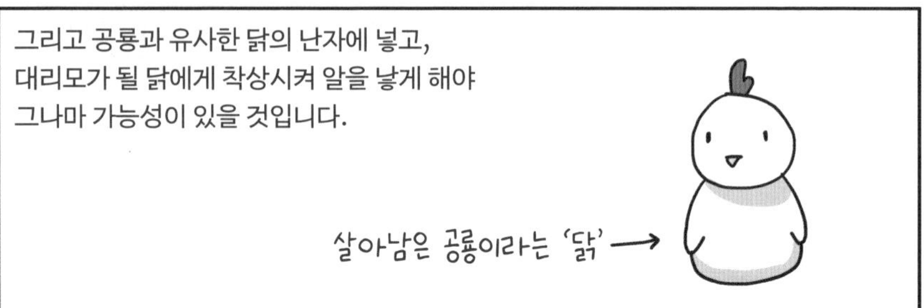
그리고 공룡과 유사한 닭의 난자에 넣고,
대리모가 될 닭에게 착상시켜 알을 낳게 해야
그나마 가능성이 있을 것입니다.
살아남은 공룡이라는 '닭' →

하지만 문제는
유전 정보는 100만 년이 지나면
사라진다는 것입니다.
바사삭
6500만 년 전에 멸종된
공룡의 유전 정보가
있을 리가 없잖아~
실망…

현재는 여기가
쥬라기 공원인거야
받아들여….
으앙
아니야!
양계장

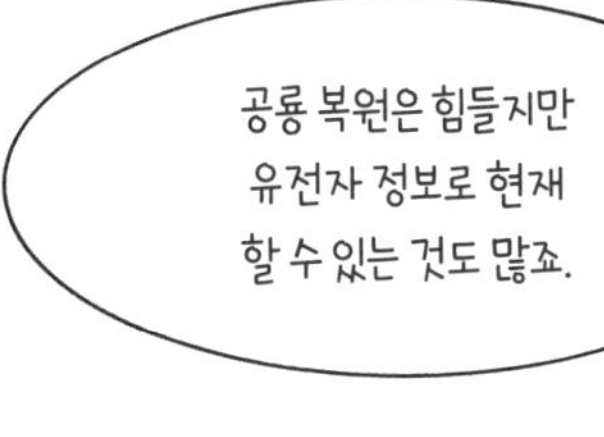
공룡 복원은 힘들지만
유전자 정보로 현재
할 수 있는 것도 많죠.

배우 안젤리나 졸리는 유전자 검사를 한 후
암 예방을 위해 미리 절제 수술을 받기도 했습니다.

유방암 확률 87%,
난소암 확률 50% 라는 진단을 받고
암으로 돌아가신 엄마, 외할머니,
이모와 같은 운명을 피하기로 했죠.

30억 달러를 들인 인간게놈 프로젝트 성공으로
2001년에는 염기 서열 분석 비용이 1억 달러였으나
2017년경에는 1,000달러로 한국 돈 100만 정도면
검사를 받아볼 수 있게 되었습니다.

2011년, 췌장암 치료를 위해
유전자 검사비로 10만 달러를 쓴
스티브 잡스
힝, 좀 더 빨리 할 걸

한국에도 간단하게 10만 원 내외로
유전자 검사가 가능한 키트가 있어서
제가 직접 해보기로 했습니다.

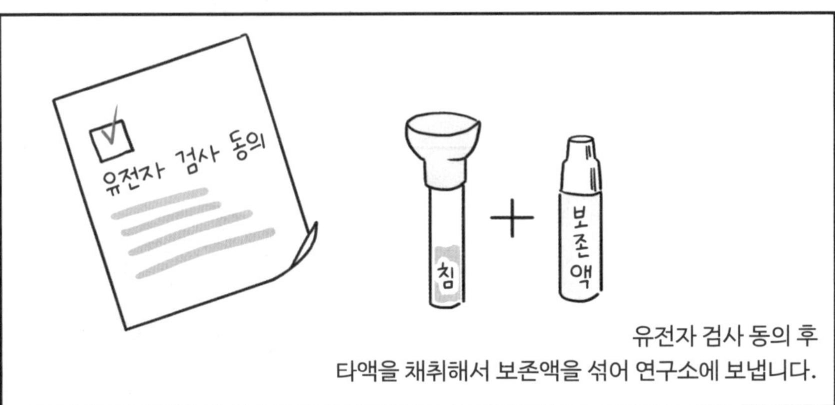

유전자 검사 동의 후
타액을 채취해서 보존액을 섞어 연구소에 보냅니다.

우리의 침, 피, 머리카락, 손톱 등 모든 신체 부위에는
DNA가 있습니다. 이 소량의 DNA를 가지고 검사소에서는
효소를 이용해서 DNA 수를 늘려줍니다.

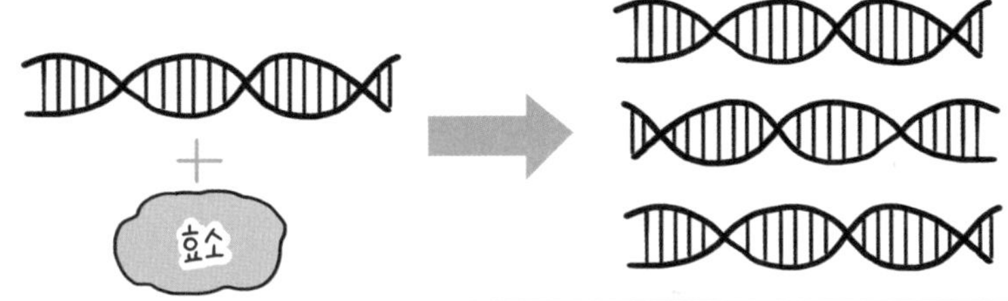

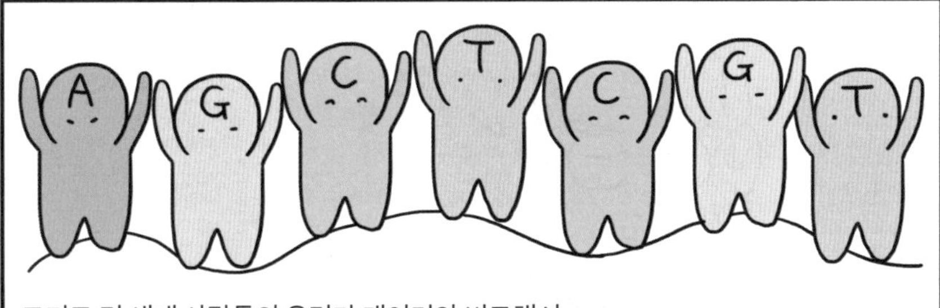

그리고 전 세계 사람들의 유전자 데이터와 비교해서
어느 지역 사람의 유전자를 얼마나 가졌는지 알려줄 것입니다.

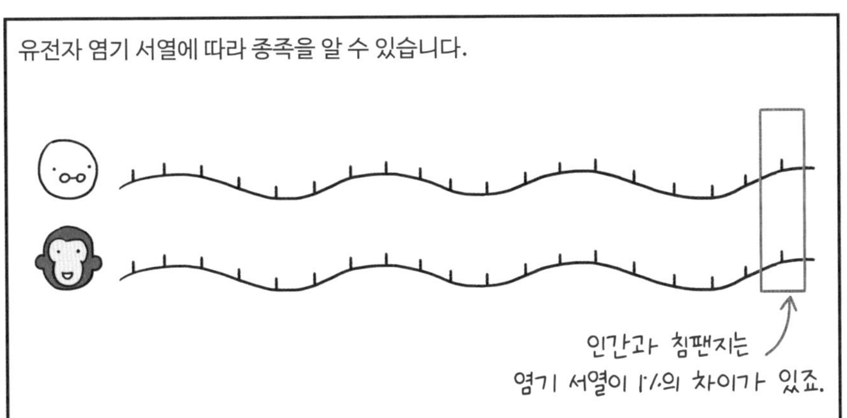

유전자 염기 서열에 따라 종족을 알 수 있습니다.
인간과 침팬지는
염기 서열이 1%의 차이가 있죠.

구체적인 신체 특징도 알 수 있습니다.
그래서 덴마크 과학자들이 신석기인들이 씹던 껌에서
DNA를 추출해 얼굴을 복원했죠.

5700년 전 북유럽에 살면서
청둥오리와 헤이즐넛을 먹었던
검은 피부의 여성

종이에 싸서
버려야겠어요
함부로 버리면
6000년 뒤에
우리도 신상 털림

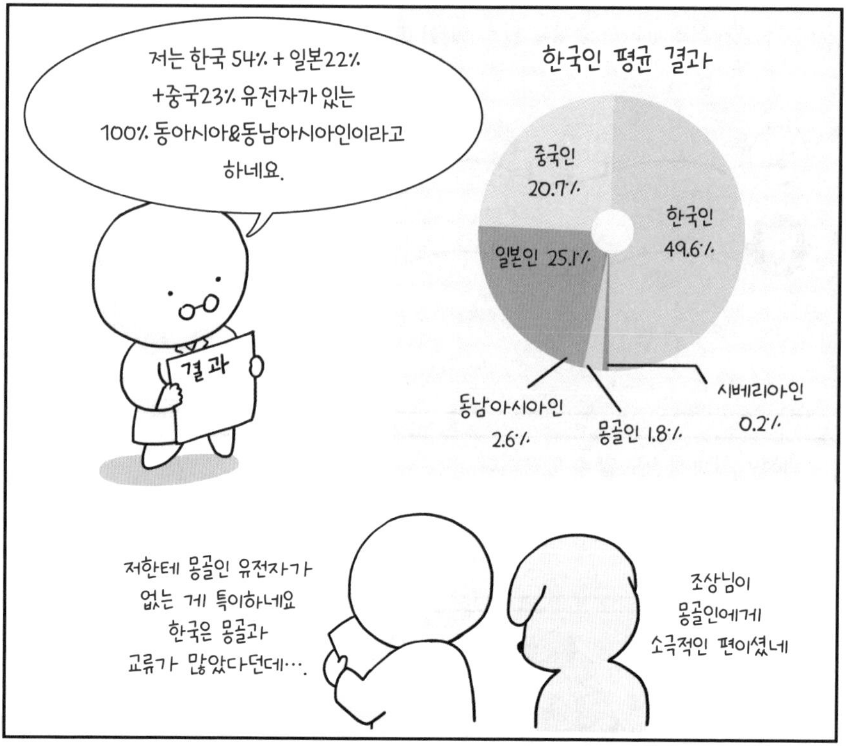

저는 한국 54% + 일본22%
+중국23% 유전자가 있는
100% 동아시아&동남아시아인이라고
하네요.

결과

한국인 평균 결과

중국인
20.7%

한국인
49.6%

일본인 25.1%

동남아시아인
2.6%

몽골인 1.8%

시베리아인
0.2%

저한테 몽골인 유전자가
없는 게 특이하네요
한국은 몽골과
교류가 많았다던데….

조상님이
몽골인에게
소극적인 편이셨네

겨드랑이 냄새의 원인이 되는 유전자 결과도 알아봤습니다.

G

VS

A

땀냄새 심하고
아프리카, 유럽인에게
대부분 있음

땀냄새 덜 나고
동아시아인에게 많음

전 A유전자를 가진
동아시아인이니
냄새가 나지 않네요.

동방예의지국다운
겨드랑이네.

재미로
탈모 유전자 검사도
볼까요?
두근두근

남성형 탈모 발생 위험이
평균보다 40% 높음
AG 유전자형
?!

바로 탈모가 진행되는건 아니고
늙어서 발현될 수 있고, 건강하게 살다
발현 안 할 수도 있대요.
연어, 베리, 콩, 달걀 먹으래요.
미리 알았으니 잘 예방하면 되죠~
하하하

탈모 위험 40%도
괜찮은 분 연락주세용

이제 탈모 광고를
지나칠 수 없는
몸이 되었구나

상처만 남은
검사네요
공룡알도 드세요

egg

우물우물

괜찮아!
넌 겨드랑이가
예의 있잖아!

2

죽지 않고 계속해서 살아 움직이는 '좀비 세포'가 있다고?

우리 몸에는
약 60조 개의 세포가
있습니다.

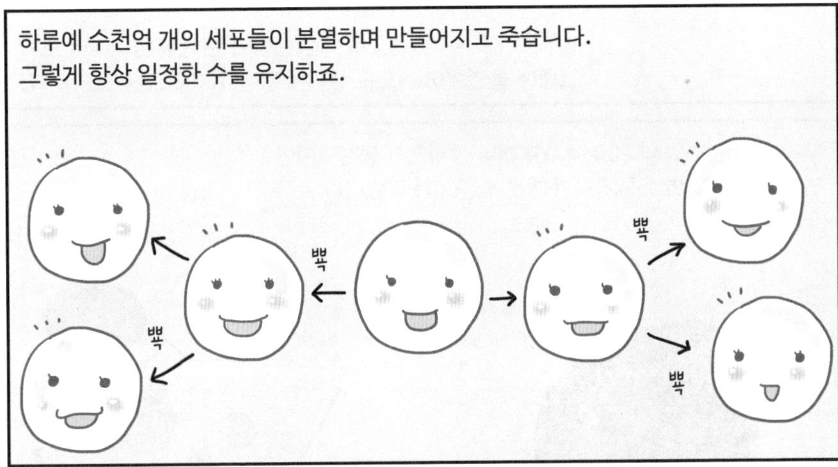
하루에 수천억 개의 세포들이 분열하며 만들어지고 죽습니다.
그렇게 항상 일정한 수를 유지하죠.
뿍
뿍
뿍
뿍

50번 정도 분열했으니
이만 가련다.
너희들을 보니
죽어도 여한이 없다.
고조할머니~
편히 가세요~

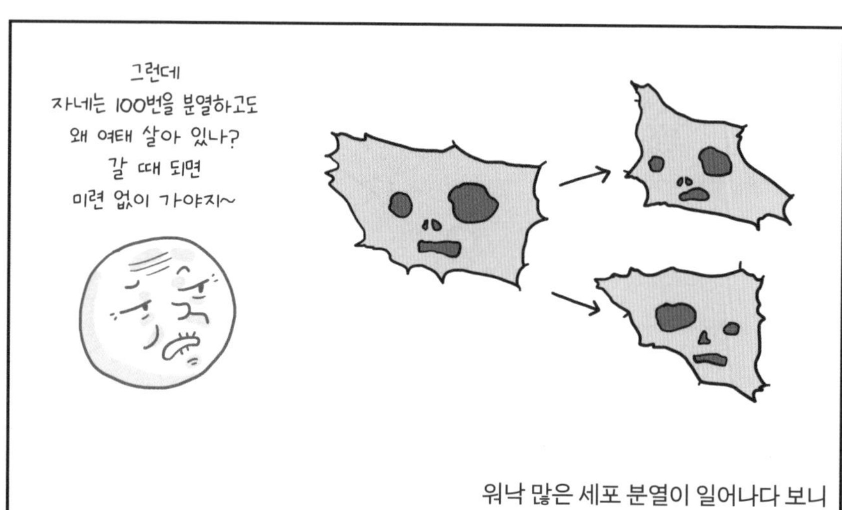

워낙 많은 세포 분열이 일어나다 보니
그중에 돌연변이 세포도 생기게 됩니다. 바로 암세포입니다.

우리 몸에는 매일 약 800~4,000개의 암세포가 생성되지만
면역 시스템에 의해 통제되기 때문에 문제가 없습니다.

너 뭐야?!
생긴 게 왜 그래?
죽어줘야겠음!

헉

NK

깨물

끄아아악!

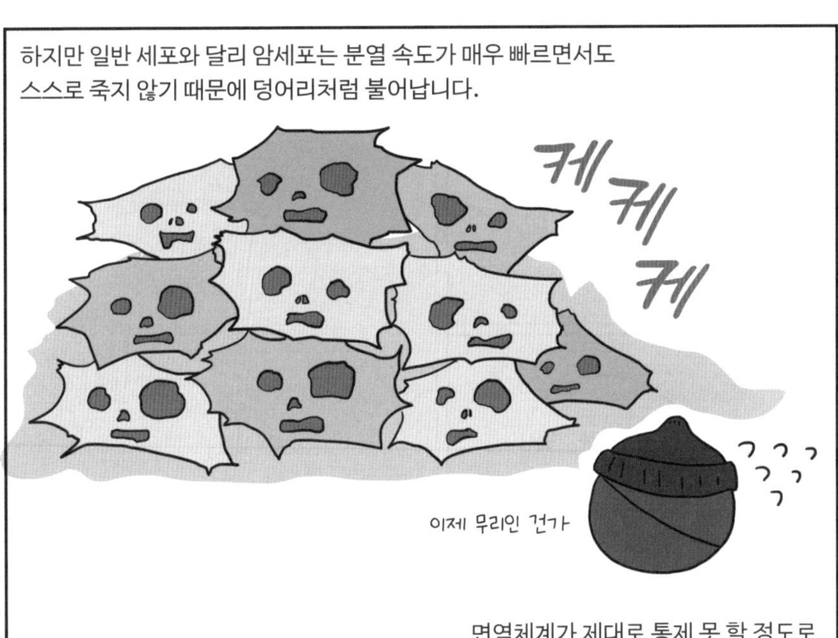
하지만 일반 세포와 달리 암세포는 분열 속도가 매우 빠르면서도
스스로 죽지 않기 때문에 덩어리처럼 불어납니다.
케케케
이제 무리인 건가

면역체계가 제대로 통제 못 할 정도로
암세포가 커져버리면 암 진단을 받습니다

1951년에 한 여성도 자궁경부암 진단을 받았습니다.

존스홉킨스 대학병원

샘플 채취 검사결과,
암입니다.

헨리에타 랙스(30)

박사님…!!

자네
연구 안 하고
뭐하나?

연구가
하고 싶어요….
죽어버린 세포
배양접시들
당시 실험실에서는 세포들이
며칠 만에 죽어버려서
연구에 어려움이 있었습니다.

그런데 헨리에타 랙스의 암세포는 시간이 지나도 죽지 않았습니다.
다른 암세포에 비해서도 더 빠르게 성장하고,
특별한 관리 없이도 잘 자랐죠.
와~ 아직
살아 있어?!
이런 건 처음이야~

이 세포는 그녀의 이름을 따서 '헬라세포'라고 정했습니다.

Henrietta Lacks

헨리에타는 8개월 뒤 사망했지만 헬라세포는
죽지 않는 세포주로 전 세계 생물 연구를 위해 공급되었습니다.

1952년 미국은 소아마비 팬데믹으로 많은 아이들이 죽거나
다리가 마비되었습니다. 소아마비는 폴리오 바이러스 감염으로 걸렸죠.

원숭이 세포를
이용해서 백신 개발에 필요한
폴리오 바이러스를 많이
만들어 놔야지~
조너스 소크 박사

그런데 원숭이를
계속 희생시키는 게
고민이군….
불쌍해서요?

아니,
원숭이 비싸….

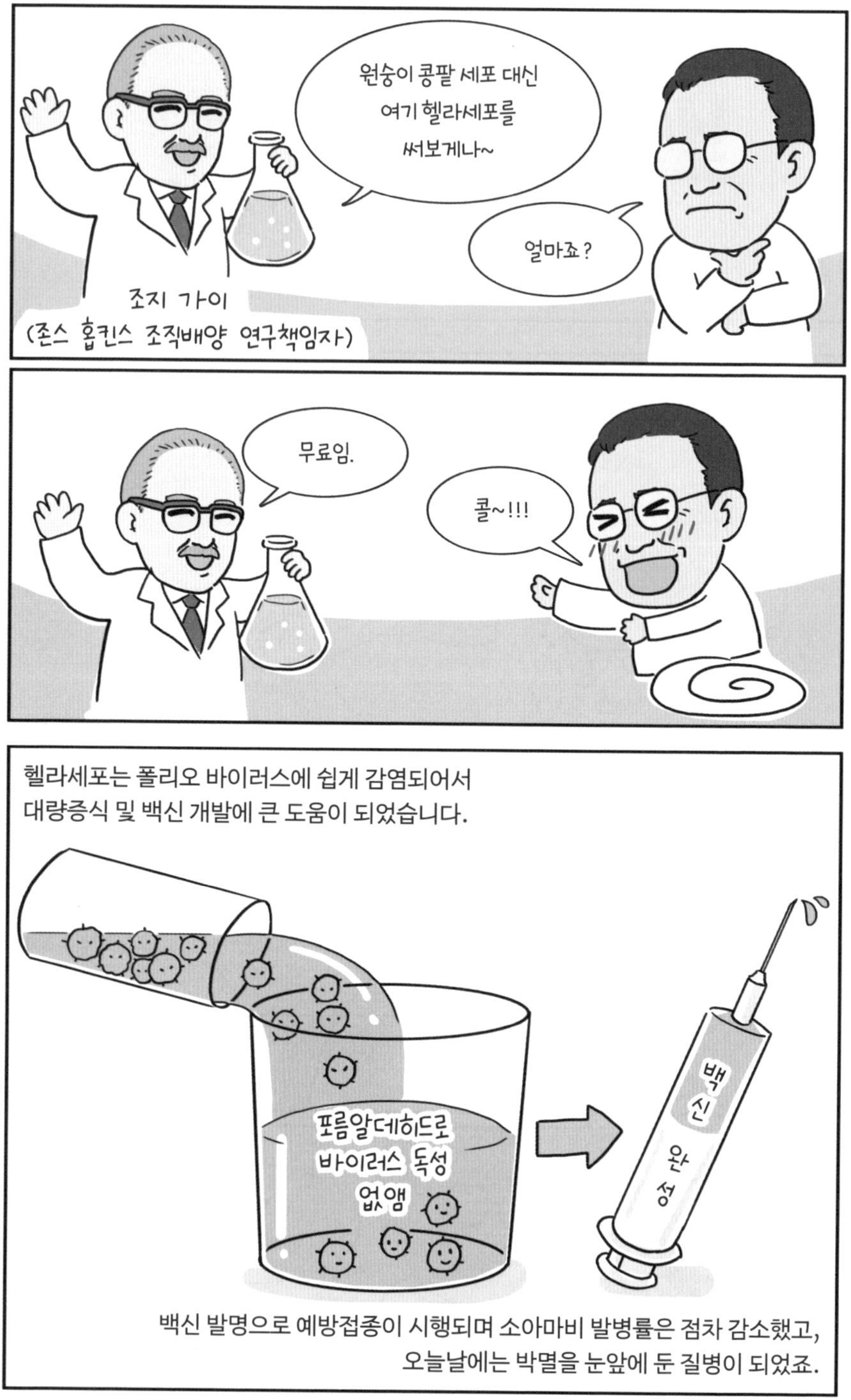

헬라세포는 폴리오 바이러스에 쉽게 감염되어서
대량증식 및 백신 개발에 큰 도움이 되었습니다.

포름알데히드로
바이러스 독성
없앰

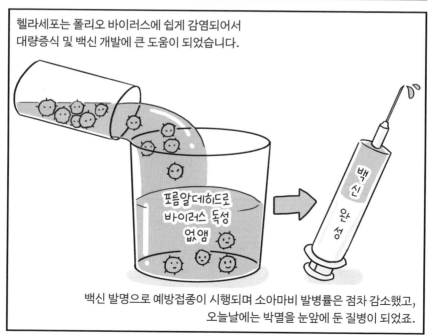

백신
완성

백신 발명으로 예방접종이 시행되며 소아마비 발병률은 점차 감소했고,
오늘날에는 박멸을 눈앞에 둔 질병이 되었죠.

1954년부터 헬라세포는 공장에서 생산·판매되기 시작했습니다.

연구실
배달이요~

1984년에는 헬라세포를 통해 자궁경부암을 일으키는
인유두종 바이러스 18번 타입을 알아냈습니다.
너…였어?
나… 좀비…로 만든?
죄송~
18

하랄트 하우젠 박사는
이 공로를 인정받아 2008년
노벨생리의학상을 수상했죠.

그 뒤 자궁경부암은
암 중에서 유일하게 백신이
만들어졌습니다.
우쭐

이 백신은
성경험 전에
맞는 게 권장됩니다.
싹이 나이가
딱 좋네요
여기 백신~
전 남자인데
맞아요?

평생 솔로 할 거 아니면
맞는 게 좋겠죠?
왜…죠?
이미 답을
아는 표정인데?

세포 노화와 관련 있는
염색체 말단의 '텔로미어'

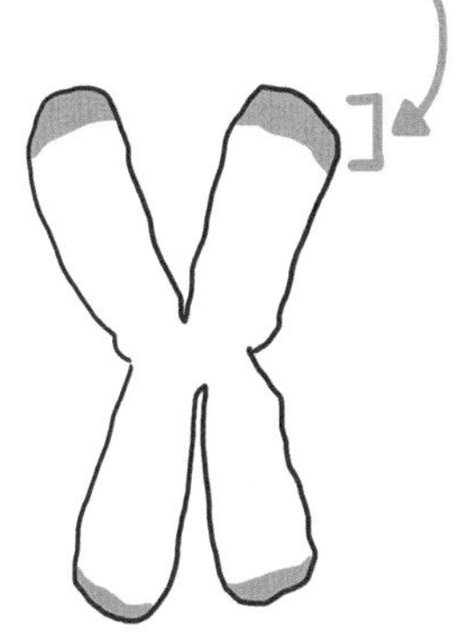

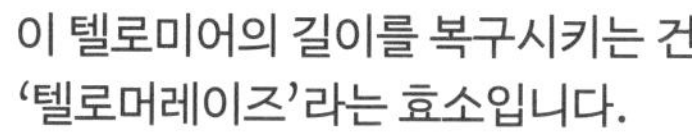

이 텔로미어의 길이를 복구시키는 건
'텔로머레이즈'라는 효소입니다.

불로초구나

텔로미어가 줄지 않는 랍스터도
이론상 영원히 살죠

헬라세포가 죽지 않는 이유도
텔로머레이즈가 활성화되기
때문입니다.

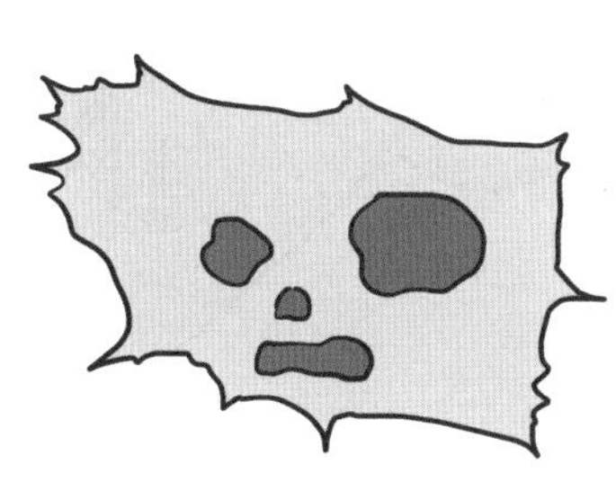

랍스터처럼 너도 맛있니?
핥아봐도 될까?

꺄악!

그 외에도 헬라세포를 바탕으로 한 훌륭한 성과들이 많습니다.

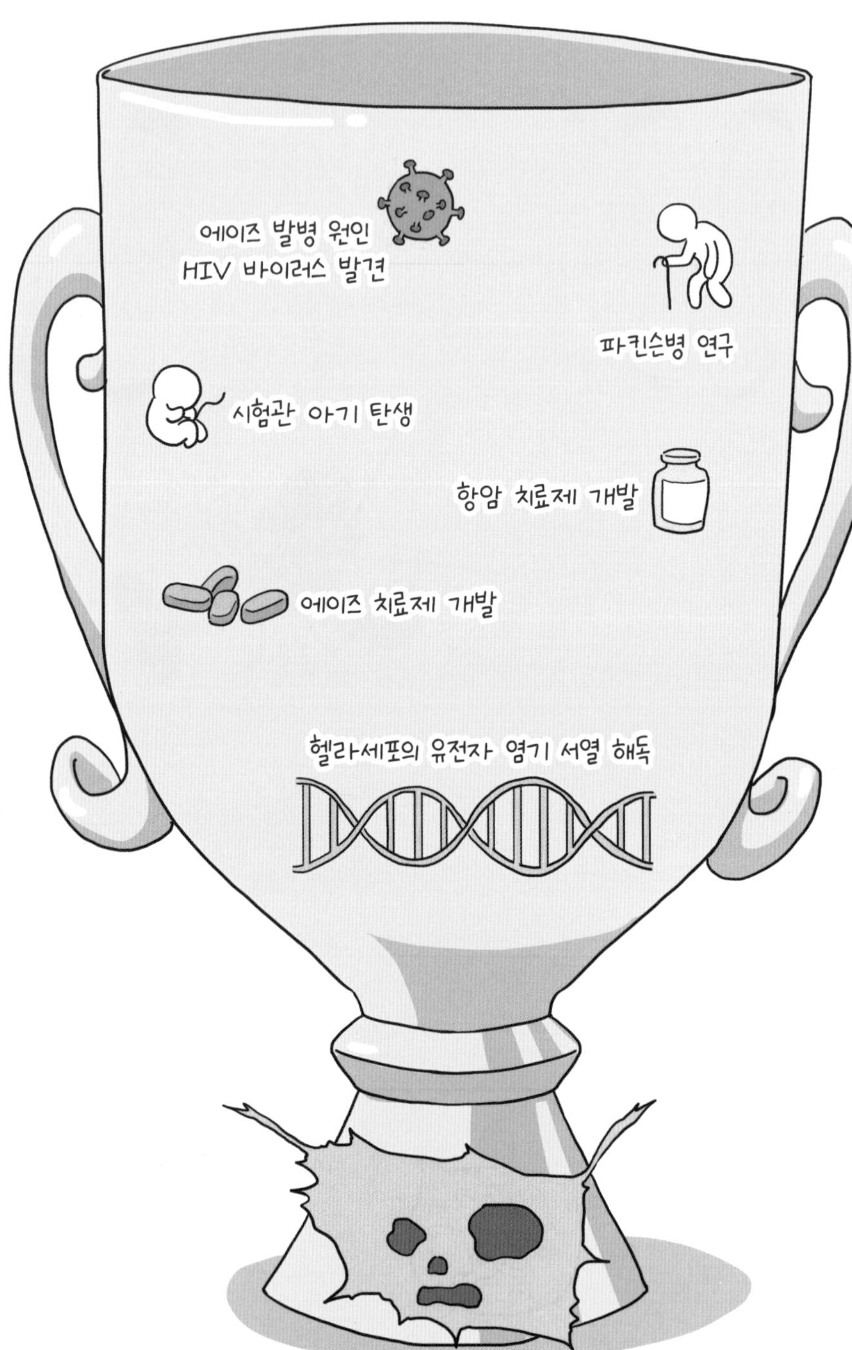
에이즈 발병 원인
HIV 바이러스 발견
파킨슨병 연구
시험관 아기 탄생
항암 치료제 개발
에이즈 치료제 개발
헬라세포의 유전자 염기 서열 해독

존스 홉킨스 연구진은 헨리에타의 동의 없이
그녀의 세포를 배양했던 것입니다.
당시는 윤리의식이 자리 잡지 못해서 그런 일이 많았습니다.

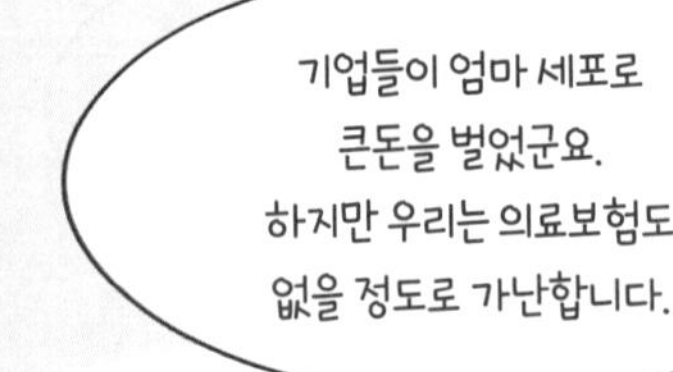
기업들이 엄마 세포로
큰돈을 벌었군요.
하지만 우리는 의료보험도
없을 정도로 가난합니다.

헨리에타와 가족들의 이야기는 책과 영화로도 나오며
연구 윤리의 중요성을 일깨워 주었습니다.

헨리에타의 사후 70주년을 맞아
2021년에 동상을 세웠고,
WHO 사무총장상을 수여했습니다.

영국 브리스톨 대학의
헨리에타 동상

또 일부 기업들은 헬라세포를
사용한 대가를 기부했죠.

헨리에타 재단

헬라세포는 5,000만 톤이 생산되어 전 세계에서 사용되었으며
현재도 생물 물리학, 세포 물리학 등 더 세분화된 분야에서
널리 활용되고 있습니다.

전 세계뿐만 아니라
우주로도 보내졌다구~

우리나라도 많이 쓰고 있는데,
포항공대 생물 물리학 실험실에서 보관 중인 헬라세포를
직접 현미경으로 관찰해보았습니다.

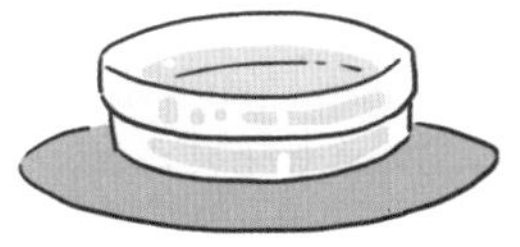

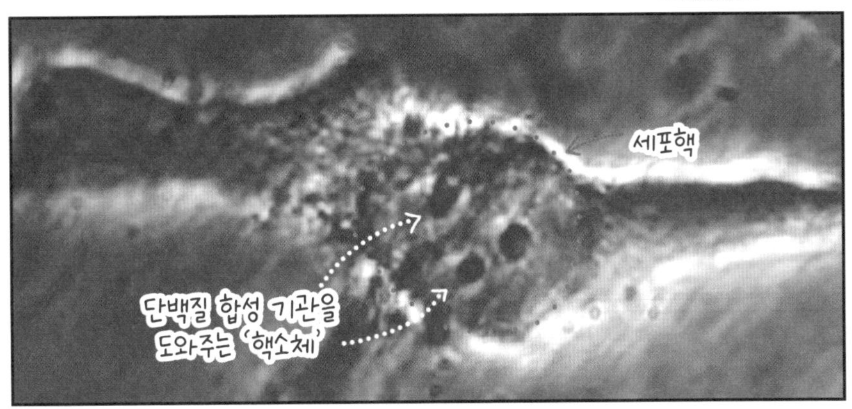
세포핵
단백질 합성 기관을
도와주는 '핵소체'

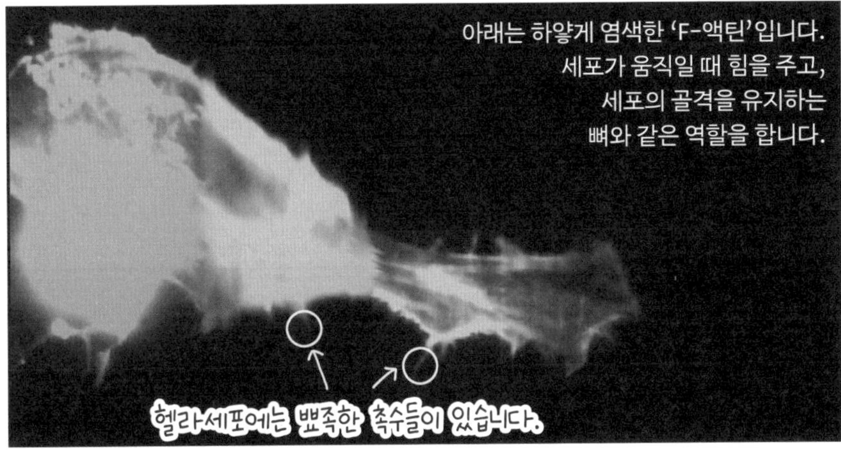
아래는 하얗게 염색한 'F-액틴'입니다.
세포가 움직일 때 힘을 주고,
세포의 골격을 유지하는
뼈와 같은 역할을 합니다.
헬라세포에는 뾰족한 촉수들이 있습니다.

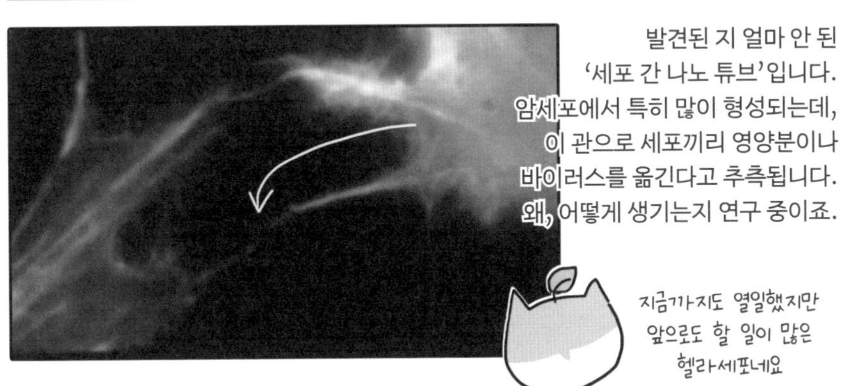

발견된 지 얼마 안 된
'세포 간 나노 튜브'입니다.
암세포에서 특히 많이 형성되는데,
이 관으로 세포끼리 영양분이나
바이러스를 옮긴다고 추측됩니다.
왜, 어떻게 생기는지 연구 중이죠.

지금까지도 열일했지만
앞으로도 할 일이 많은
헬라세포네요

현재는 유전 공학의 발달로 헬라세포 외에도
계속 세포 분열이 되는 세포주가 많이 있습니다.
그럼에도 불구하고 헬라세포는 오랜 연구로 정보의 신뢰성이 높아
지금도 가장 많이 사용되는 세포주입니다.

내 덕분에
특허 11만 건
논문 7만 건을 냈지!

한 예로 U87MG라는 뇌 세포주를 활용해 2,000여 건의 논문을 냈는데,
50년 만에 처음 세포주와 유전자가 달라진 것을 알아냈습니다.

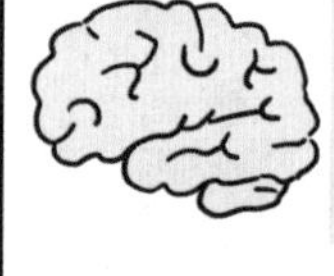

수많은 분열을 거쳐
유전자가 변이된 걸
몰랐던 거죠.

와장창
논문의
신뢰성

어떤 실험실의 세포주들

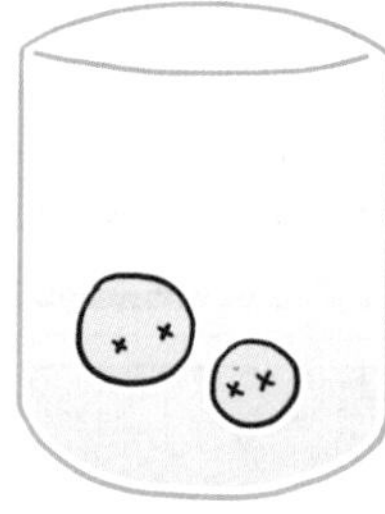

얘들이
20~60번
분열하면 죽네
5년 된 고인물 세포주

자기는 몇짤?

70짤

아…장수하세요…

응, 불멸임

헬라세포는 비록 헨리에타를 사망하게 한 암세포지만
불멸의 능력으로 수많은 생명을 살리며 공헌하고 있습니다.

3
실험실에서 만들어지는
고기는 무슨 맛일까?

여기 행복한 닭이 살고 있습니다.

넉넉한 사육 밀도 덕분에
쾌적한 나만의 공간~

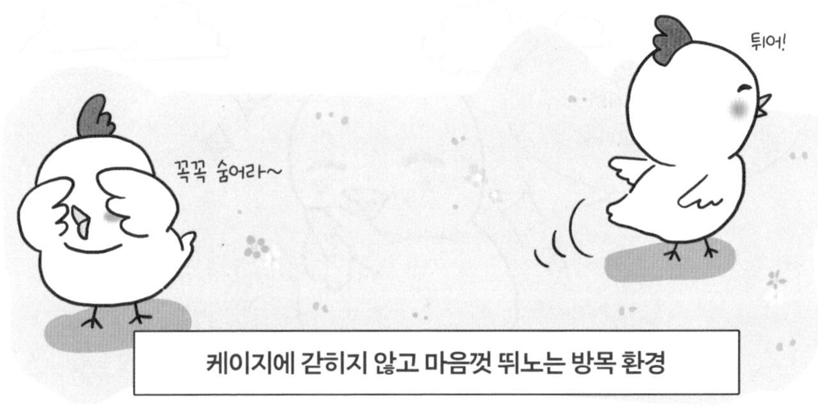
꼭꼭 숨어라~
튀어!

케이지에 갇히지 않고 마음껏 뛰노는 방목 환경

안심하고
먹어라~

닭에게 유해하지 않은 사료 공급

수의사에게 관리받기

아~ 행복해.
이런 복지 속에서
오래오래 살고파~

…라고 했던 닭은

??

꾹

동물복지
(ANIMAL WELFARE)
농림축산식품부

동물복지인증 마크를 받고 나서

우리 식탁에
오르게 되었습니다.

좀 이상한데?

행복하게 살고 싶었던 닭을 만들고
결국 잡아먹은 거잖아?

닭에게 미안해서
입에서 눈물이 나요.

도덕적인 이유로
육식을 피하는 사람들도 있죠.
그래도 음식 남기는 건
죄니까, 일단 먹고

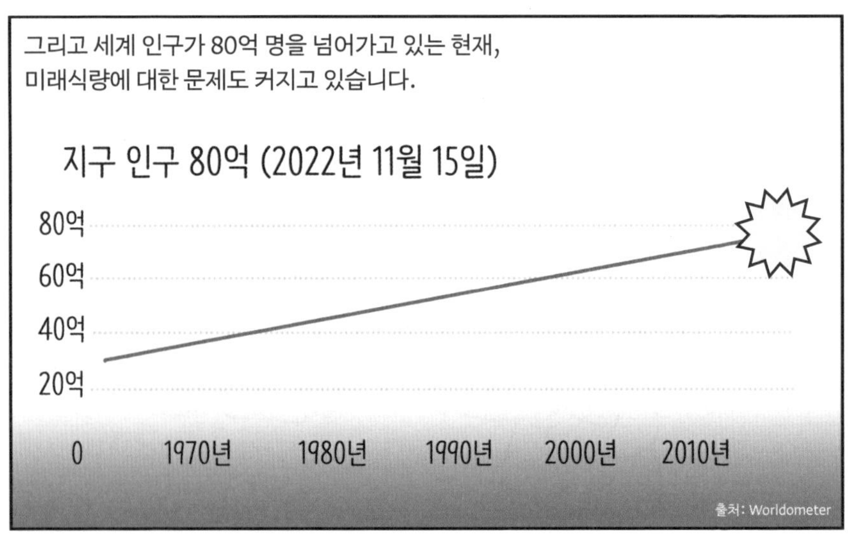
그리고 세계 인구가 80억 명을 넘어가고 있는 현재,
미래식량에 대한 문제도 커지고 있습니다.
지구 인구 80억 (2022년 11월 15일)
80억
60억
40억
20억
0
1970년
1980년
1990년
2000년
2010년
출처: Worldometer

왜냐하면 사람들이 고기를 선호하기 때문이죠.
기분이 저기압일 땐
고기 앞으로~♪
맛있는 게 죄라면
고기는 무기징역!

수요를 감당하기 위해선 엄청난 수의 소와 돼지를 키워야 합니다.
물과 먹이도 그만큼 많이 필요하죠.
6칼로리의 사료를 먹이면
1칼로리의
소고기를 얻음

가축이 자라면서 배출하는 탄소는 지구 온난화의 원인이 됩니다.
뿡
뿡
빵
나 왜 이렇게 덥니

그래서 지속 가능한 먹거리를 위해 많은 기업들이 '대체육' 개발에 뛰어들었습니다.
식물성 단백질을 고기처럼 만들죠~
햄버거
너겟
소세지
미트볼

기후 변화나 미래식량을 고민하는 유명인들도 투자 중이죠.
빌 게이츠
레오나르도 디카프리오
진짜 고기보다 맛있는데? 딱히 내가 투자했다고 하는 말은 아님ㅋ
기후 변화를 막는 데 도움이 된다면야~

현재 대체육 상품은 마트나 음식점에서도 팝니다.
먹어볼까요

휙
그래도 이건 고기의 탈을 쓴 식물이잖아~ ! 게다가 그냥 고기보다 비싸!

첫, 까다로운
사람은 싫어
그리고 이런 대체육은
나한테 식상해.

짜파게리
짜파게리와 야채 호빵 속의
콩고기를 평생 먹어왔다고!
새로울 게 없지~

고기가
아니었다니….
식물성 고기만 있는 건 아닙니다.
도축 없이 얻는 진짜 고기도 있죠~

2013년 네덜란드에서는 세계 최초로
고기 세포를 배양해서 햄버거 패티를 만들었습니다.

이 패티 한 장에 3억이 넘음
(= 제공된 연구비)

내가 90년 전에
고기를 원하는 부위별로 기른다고
예언했는데~
윈스턴 처칠

싱가포르에서는 2020년에 배양육 치킨너겟이
세계 최초로 판매 허가를 받았죠.

싱가포르 레스토랑에서 23달러에 판매되는 치킨너겟

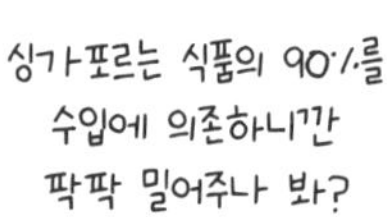
싱가포르는 식품의 90%를
수입에 의존하니깐
팍팍 밀어주나 봐?

배양육은
어떻게 만들까요?
정성으로 만들겠지 뭐

여러 배양육 기업들이 있는데,
한국의 '씨위드'에서
고기가 자라나는 걸
직접 보죠~
연구실

온도 37도에 탄소 5%로 맞춰진
세포 인큐베이터입니다.
37.0 5.0

안을 열어보면
아파트처럼 쌓인
배양접시에서 세포가
자라고 있습니다.

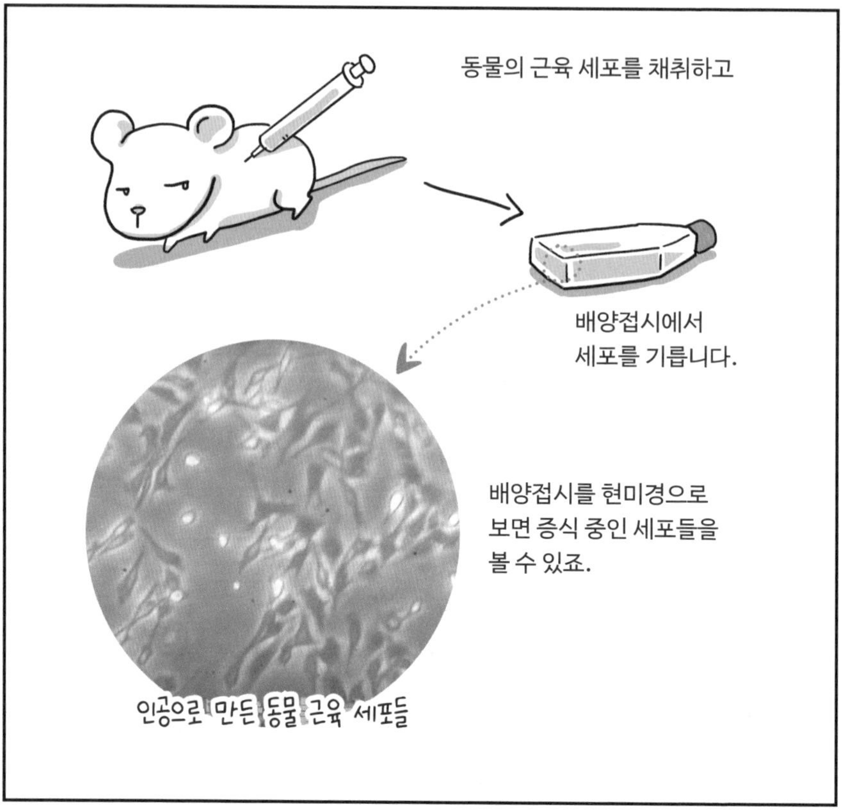

동물의 근육 세포를 채취하고

배양접시에서
세포를 기릅니다.

배양접시를 현미경으로
보면 증식 중인 세포들을
볼 수 있죠.

인공으로 만든 동물 근육 세포들

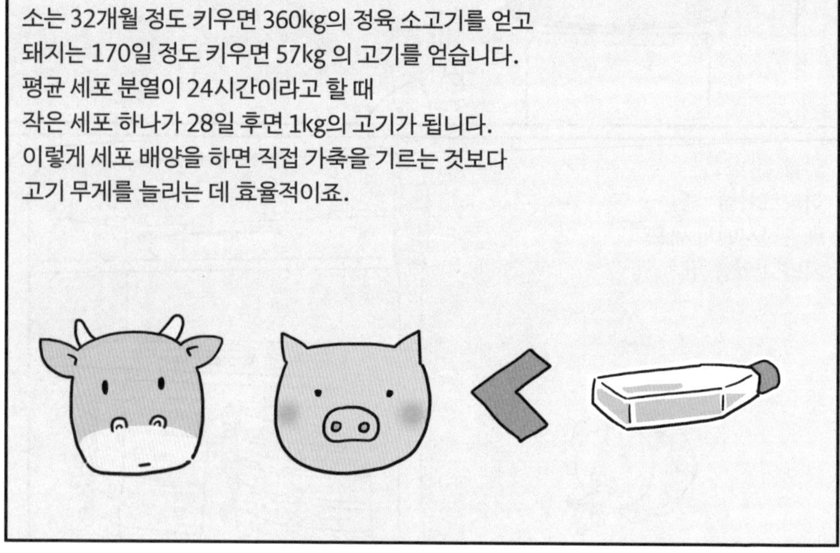
소는 32개월 정도 키우면 360kg의 정육 소고기를 얻고
돼지는 170일 정도 키우면 57kg 의 고기를 얻습니다.
평균 세포 분열이 24시간이라고 할 때
작은 세포 하나가 28일 후면 1kg의 고기가 됩니다.
이렇게 세포 배양을 하면 직접 가축을 기르는 것보다
고기 무게를 늘리는 데 효율적이죠.

하지만 일반적인 배양 방식으로는 고기를 만들 수 없습니다.
2차원 평면에서 만드는 세포 양은 굉장히 적거든요.

그래서 3차원으로 자랄 수 있는
지지체에 세포들을 넣고
배양합니다.

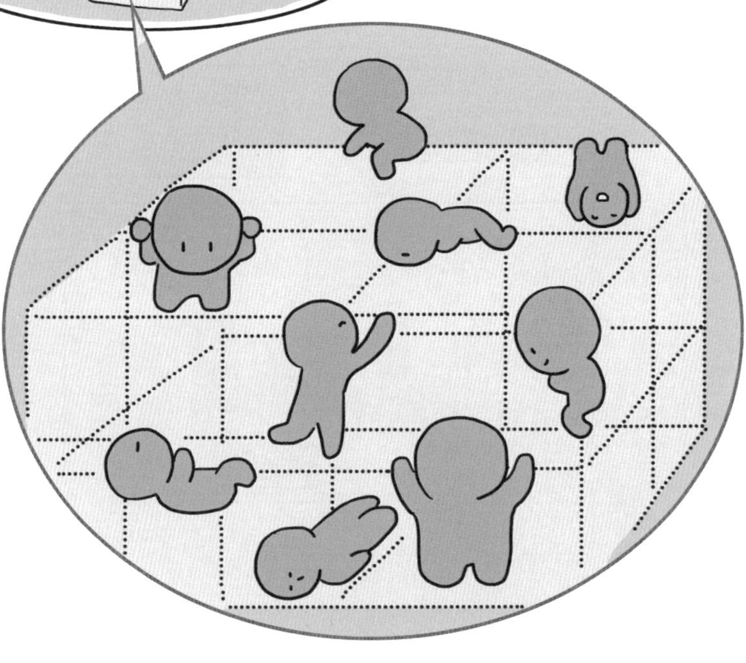

씨위드에서는 미역을 이용해서 지지체를 만들었습니다.
지지체까지 그대로 먹을 수 있는 거죠.

다양한 모양의 지지체들

다음으로 근육 세포들을 근육 조직으로 만들어주는
바이오리액터에 넣습니다.

후와~ 우아

사람도 근육을 만들기 위해 운동하듯이
세포들도 근육 조직이 되기 위해
헬스장에 들어가는 것이죠

자극받은 후
1mm 정도로 커진
근육 조직

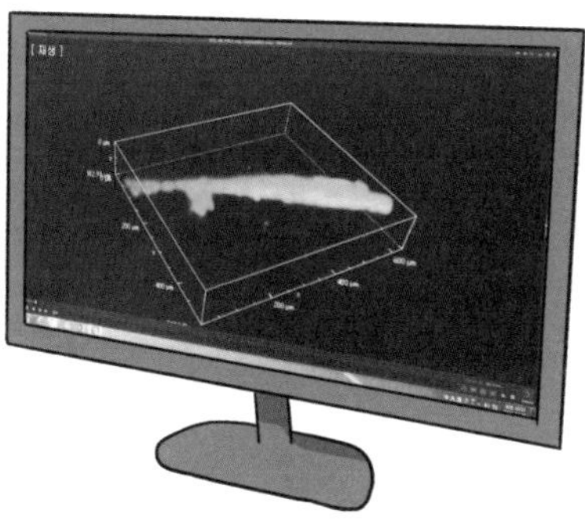

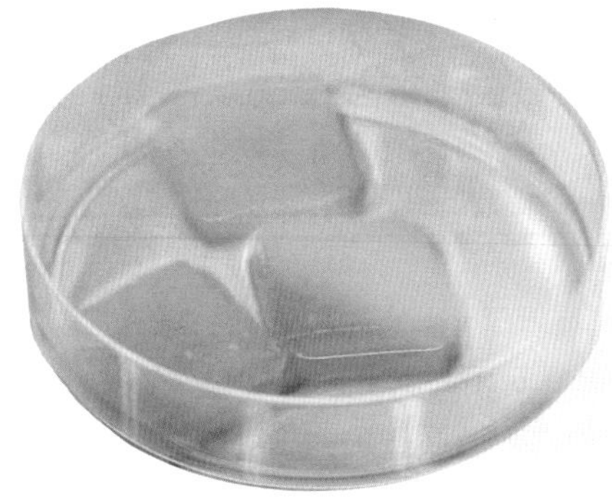

지지체에 넣고 배양되기
시작하면 2주 후,
이렇게 고기가 되는 겁니다.

콜라겐처럼
보이네요?

이건 아직
세포 수가 적어서
그렇습니다.

대표

헬라세포 같은
불멸화세포를 이용하면
세포 증식이 빠르겠네요?

네, 하지만
먹기는 싫겠죠.

아무래도
암세포니까

대표

고기 단백질에서 나는 향입니다.
이건 실험용 쥐 고기인데
소, 돼지, 닭 등 모두 가능합니다.

식물성 고기는 맛을 내기 위해
인위적인 양념을 과하게 하는데
이건 그 자체로 고기 맛이 나죠.

육고기뿐만 아니라 바다에서 사는 고래나 상어, 생선 등의 고기도 배양할 수 있습니다. 이를 통해 해양생물의 남획이 줄어든다면 깨끗하고 건강한 바다를 만들 수 있겠죠.

얼쑤!♪

우리도 좋고
사람도 좋고
바다도 좋고~

안전하게 배양된 고기가 저렴하게 공급된다면
여러분들은 어떤 걸 먹고 싶나요?

4

사람의 유전자를 조작하는 것은 가능할까?

1880년경 영국, 통계 내는 일에 집착하는 한 남자가 있었습니다.
기록 덕후

여행을 다니며 그곳의 행인들이 얼마나
매력적인지를 스스로 평가해서 기록하고,
오~

어떤 지역에
아름다운 사람이
많은지 표시해서
지도를 만들었죠.
아름다움 지도
N
S

그의 좌우명은 '할 수 있다면 무엇이든 세어라'였습니다.
기도 횟수가 수명에 어떤 영향을 미치는지 기록했고,
기록해보니 비신앙인보다 독실한 사람이 일찍 죽던걸?

앉은 사람이 꼼지락거리는 횟수도 기록했죠.
많이 드세요~
압력 감지기 설치

참 잉여로운 기록들인걸?
가치 있는 기록도 많았습니다.

사람 신체 부분들의 길이, 두께 등을 기록하면서 인체측정학 과정을 만들었죠.
사람마다 지문이 다른 걸 알고 책 《지문》을 출간하기도 했습니다.

FINGER PRINTS

BY

FRANCIS GALTON, F.R.S., ETC.

지문이 똑같은 사람은
있을 수 없습니다.

이를 바탕으로 당시 범죄 수사에 큰 도움을 주었습니다.

범인은 바로 당신이야!
골턴 씨 고마워요~

유럽 전역의 기상 조건에 관한 자료를 모아 근대적인
기상도 원형을 만들었습니다. 그 과정에서 고기압, 저기압의 존재를 발견했죠.

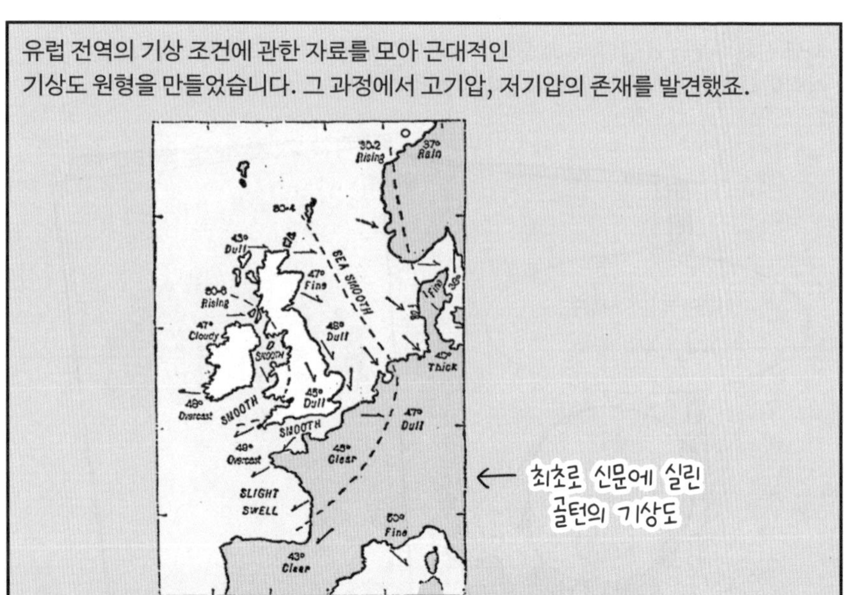

이 사람은 영국의
유전학자이자
우생학의 창시자
'프랜시스 골턴'입니다.

금수저에
똑똑하죠~

1822 - 1911

당신이었습니까?
지구과학 범위를 늘려주신 분?

골턴은 의대에 진학하지만 엄청난 양의 공부 때문에 힘들어했습니다.
마취약이 없던 시절, 수술할 때마다 공포스러워 하는
환자의 표정을 가감 없이 보며 신경쇠약에 빠지기도 했죠.

외할아버지, 외삼촌도 의사고
사촌 다윈도 의대 갔잖니.
내 말 알지?

네, 아버지

크악

당시 마취 없이
수술하던 병원

으아아약!!

젊은 시절 아버지를 여의고 막대한 유산을 물려받은 뒤에

사촌 형이 쓴 《종의 기원》을 보고 인간 진화에 눈을 뜹니다.

그리고 데이터를 모으기 시작합니다.

집안 배경,
주변 환경 때문 아니야?
데이터
데이터

하지만 아직 유전법칙의 근거가 제대로 마련되지 않은 시기여서
무엇이 대를 이어 나타나는지 이야기할 수 없었습니다.

한편 오스트리아 어느 수도원
동글동글한 완두콩은 우선적으로 발현하니 우성,
쭈글쭈글한 완두콩은 서로 교배할 때만
나타나니 열성이라고 해야지~
멘델 사제님
오늘도 콩요리인가요? 하아….

1866년에 멘델이 유전법칙을 발표했지만 알려지지 않았습니다.

자기 어필에
소극적인 타입 →
괜찮아
토닥
토닥

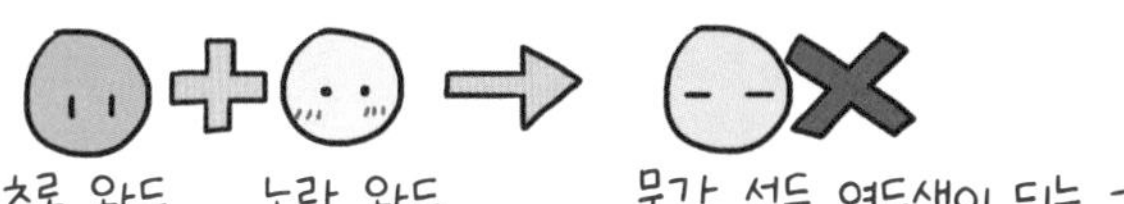
멘델은 대립되는 2개의 유전인자가 존재한다는 사실을 알고
발현 우선순위가 높은 것을 '우성', 낮은 것을 '열성'이라고 했죠.

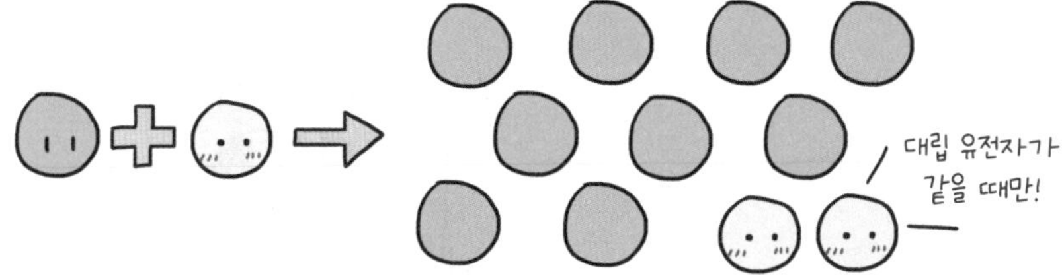
초록 완두
노란 완두
물감 섞듯 연두색이 되는 게 아닙니다
대립 유전자가 같을 때만!

참고로 대머리는 우성인자입니다.
열성 유전자도 사라지는 게 아니라 다음 세대에서 발현되죠
우수해서 우성, 열등해서 열성이 아니군.

동시대에 비슷한 유전법칙 논문을 발표하려던 과학자들
앗! 35년 전에 멘델이 이미 논문 냈어?
1900년에 멘델의 유전법칙이 주목받기 시작하자
우생학도 함께 주목받았습니다.

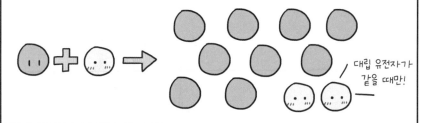

유전학을 인류 개량에 응용해야 한다는 골턴의 주장은 큰 인기를 끌었습니다.
당시 많은 과학자가 그의 아이디어에 동조하기도 했죠.

자연은 인간을 느리게 진화시키죠.
하지만 우수한 혈통끼리 자손을 낳으면
우수한 인간들이 빠르게 나오고
국력도 상승할 것입니다!

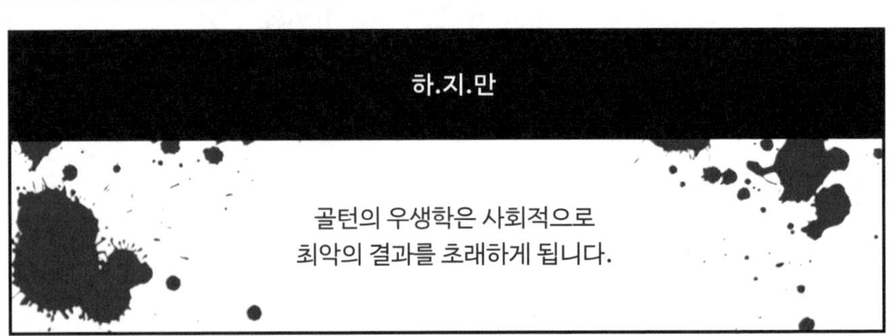
하.지.만
골턴의 우생학은 사회적으로
최악의 결과를 초래하게 됩니다.

우수한 유전자를 발전시키는 것을 넘어
열등한 유전자를 모두 없애려는 시도가 문제였습니다.

1920년대 미국은 우생학을 근거로 백인과 다른 인종의 결혼을 금지했습니다.
일부 주에서는 범죄자, 유전병 환자, 장애인이 아이를 가질 수 없도록
강제 불임수술을 실시하는 '단종법'을 제정하기도 했죠.

저능아는 3대로 족하니
불임시술 허락합니다

탕! 탕!

엄마,
나 백수 될 것 같아

미국뿐 아니라 캐나다, 유럽 등에서도
우생학적으로 적합하지 않다며 6만 명을 거세했습니다.

독일에서는 우생학이 인종위생학으로 바뀌어
2차 세계대전 당시 히틀러가 정통 독일인의 우월성과 번영을 주장하며
유대인 학살을 정당화하는 끔찍한 결과를 낳았습니다.

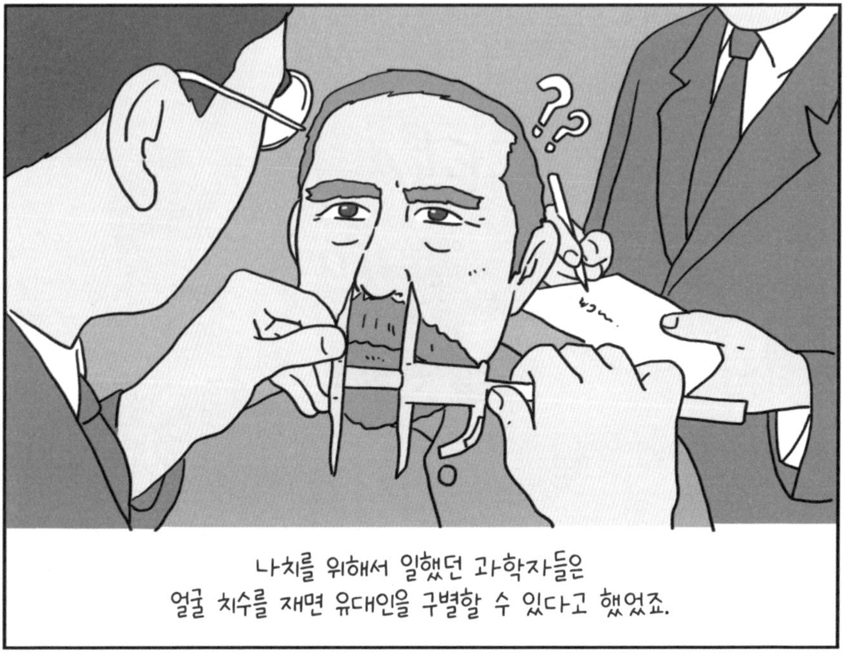

나치를 위해서 일했던 과학자들은
얼굴 치수를 재면 유대인을 구별할 수 있다고 했었죠.

다들
도덕 시간에
단체로 낮잠
잔 걸까요?
싹이 충격받겠다
만행 썰은 여기까지 할게

이렇듯 사회적 병폐가 컸기에
우생학은 폐기된 학문이 되었습니다.

오늘날에는 유전 공학의 발달로 인간의 특성이 몇 가지 유전자가 아닌
수많은 유전자의 복잡한 상호작용을 통해 결정되기에
좋은 유전자, 나쁜 유전자가 없다는 것을 알게 되었죠.

여기,
30억 쌍의
유전자 중에
좋고 나쁜 걸
골라보세요~

게놈 씨
눈에서 생명이
사라지고 있어요

이후 모든 유전 공학 연구에서는 우생학의 흑역사를 반면교사 삼아
수많은 규제와 윤리적 조건을 갖추고 연구를 진행하고 있습니다.
하지만 여전히 논란은 계속되고 있죠.

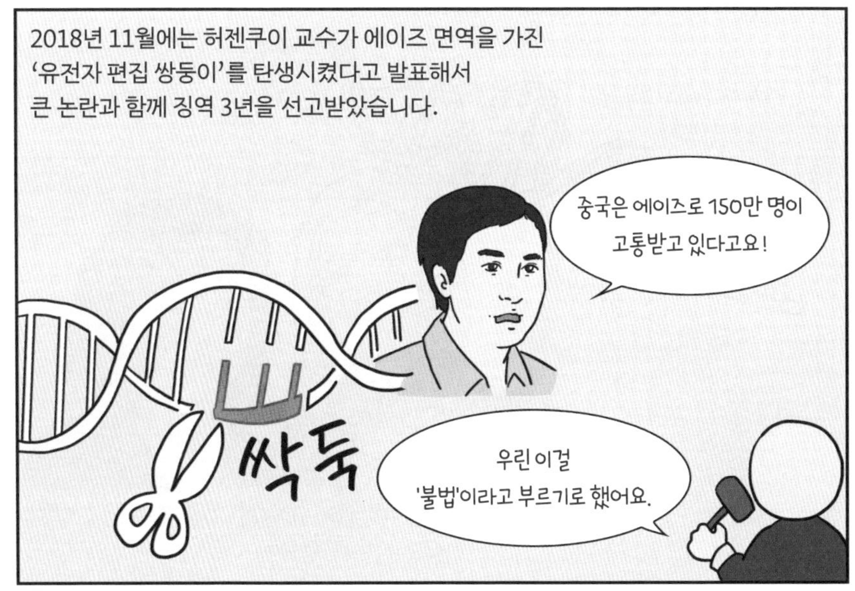
2018년 11월에는 허젠쿠이 교수가 에이즈 면역을 가진
'유전자 편집 쌍둥이'를 탄생시켰다고 발표해서
큰 논란과 함께 징역 3년을 선고받았습니다.
중국은 에이즈로 150만 명이 고통받고 있다고요!
싹둑
우린 이걸 '불법'이라고 부르기로 했어요.

출산 전 양수를 검사해서 불치병, 장애가 있다면 선택의 시간을 주죠.
아이를 위해 준비를 더 해야겠네요. 대비할 수 있게 해주셔서 감사합니다.
전 감당할 수 없어요

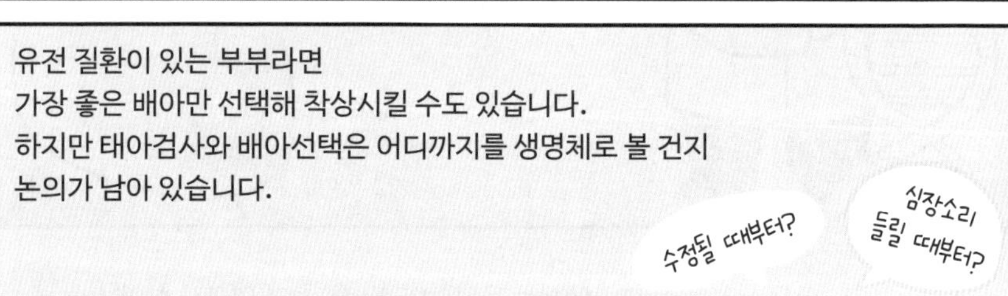
유전 질환이 있는 부부라면
가장 좋은 배아만 선택해 착상시킬 수도 있습니다.
하지만 태아검사와 배아선택은 어디까지를 생명체로 볼 건지
논의가 남아 있습니다.
수정될 때부터?
심장소리 들릴 때부터?

현재 가장 활발한 연구가 진행되고 있는 '크리스퍼 유전자 가위' 기술은
생명 과학에 혁명적인 영향을 미치며 새로운 암 치료제 및
유전 질환 치료에 사용될 것으로 전망됩니다.

원하는 DNA 부분만 편집함

'크리스퍼 유전자가위' 기술을 개발해 2020년 노벨 화학상을 받은
다우드나, 샤르팡티에

하지만 특정 유전자를 바꾸었을 때 다른 유전자와
어떤 상호작용을 하는지, 또 어떤 문제가 생길지 모르기에
체세포가 아닌 생식세포 유전자 편집은 금지되어 있습니다.
후대에도 영향을 끼칠 수 있기 때문입니다.

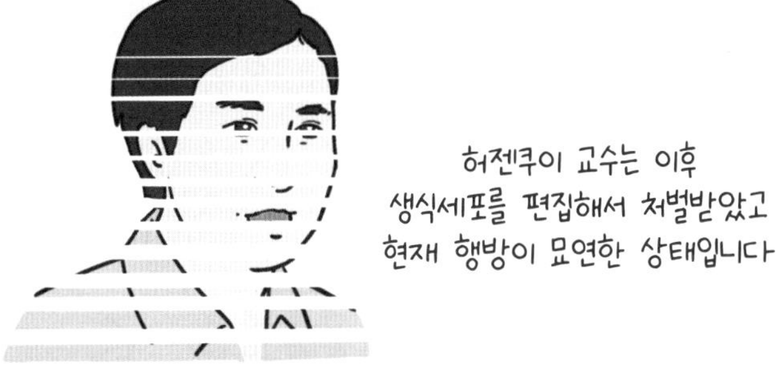

허젠쿠이 교수는 이후
생식세포를 편집해서 처벌받았고
현재 행방이 묘연한 상태입니다

유전자 편집이
가능하다면
바라는 게 있나요?

난 안 자도 되게
개조하고 싶다
놀 시간이 너무 부족해~

전 괜찮아요~
부모님이 주신 소중한 저한테
손대지 않을 거예요.

나만 쓰레기야?

유전 연구는 앞으로도 활발히 이루어질 텐데
사회에 미칠 명과 암이 무엇인지 충분한 논의가
필요한 건 분명합니다.

확인해볼까?
지금까지

II
궁금했던
별별 질문들!

5
만약 지구 생명체의 절반이 사라지면
무슨 일이 벌어질까?

지구의 생명체 수는
나날이 늘어나고 있습니다.

뭐야~
나 살찐 거야?!

쭉

아니요.
생명체가 자원을 소비하기에
질량은 거의 변하지 않습니다.

휴우…

물론 늘어나는 생명체의 대다수는 인간이 차지하고 있습니다.
오늘날 전 세계 인구수는 80억 명을 넘어섰죠.

세계 인구 실시간 통계 (2022년 11월 21일)

8,001,045,307	현재 세계 인구
119,090,518	올해 출생자
151,365	오늘 출생자
59,635,018	올해 사망자
75,856	오늘 사망자
59,455,705	올해 순 인구증가

출처 : Worldometer

이렇게 늘어난 생명체들이
한정된 자원을 소모해 종말에 이르기 전에,
우주 생명체의 절반을 없애려는 것이
영화 <어벤져스: 인피니티 워>의 주요 설정이죠.

이렇게 절반?
아니면
이런 절반?
아니 아니,
이렇게 개체수가 절반!
휴

그렇게 대단한 능력을 가졌으면
그냥 자원을 늘리지~

역사를 보면
인구 감소를 주장하는 게
마냥 허황된 이야기는

징기스칸은 세계 정복 과정에서
아시아-유럽 인구의 4분의 1을
학살했었죠.

석탄 배달이요~
계세요?

아~
안 계시는구나!
휙

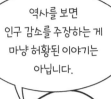

학살로 인한 인구 감소로 난방용 석탄 사용도 급격히 줄면서
당시 이산화탄소 배출이 7억 톤이나 줄었다고 합니다.

카네기 연구소와 막스 플랑크 연구소에 따르면
이는 지구 온난화를 200년 늦추는 효과가 있었다고 합니다.
본의 아니게 친환경 전사
딱히 그럴 생각은;;

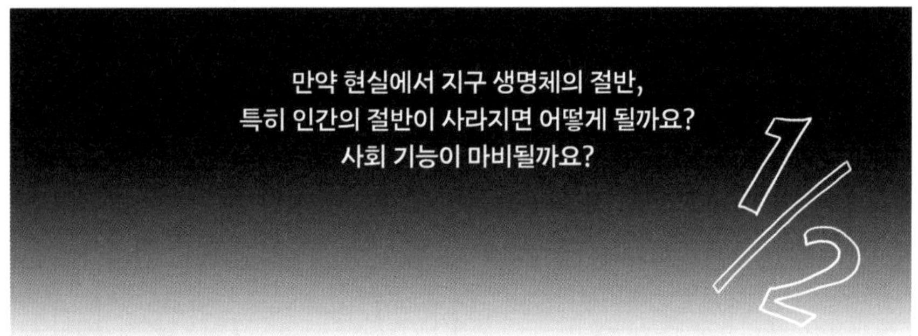
만약 현실에서 지구 생명체의 절반,
특히 인간의 절반이 사라지면 어떻게 될까요?
사회 기능이 마비될까요?
1/2

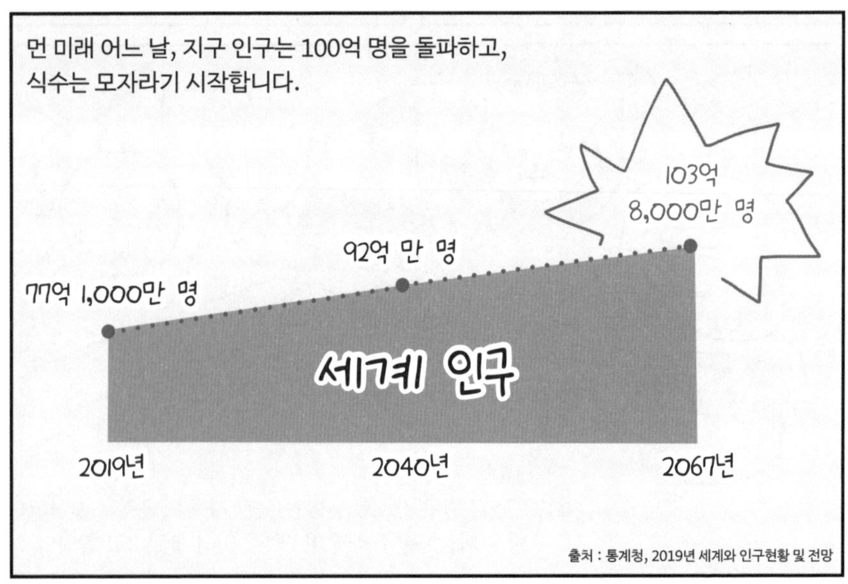
먼 미래 어느 날, 지구 인구는 100억 명을 돌파하고,
식수는 모자라기 시작합니다.
103억
8,000만 명
92억 만 명
77억 1,000만 명
세계 인구
2019년
2040년
2067년
출처 : 통계청, 2019년 세계와 인구현황 및 전망

원자력 및 태양광, 풍력 등의 신재생 에너지로 버티고 있지만
석유의 고갈로 에너지 사용료가 높아지기 시작합니다.
난방비 고지서
부들부들
열심히 돈 벌어보자~

해리의 마술 디너쇼
신사 숙녀 여러분~
눈을 떼지 마십시오!

쨔…
텅텅
ㅋㅋㅋ
우와아아~
그러던 와중에 타노스가 나타나서
지구 인구의 절반인 50억 명이 없어집니다.

그러면 여러 사건사고가 일어날 겁니다.
먼저 운전자가 없어져서 교통사고가 나겠죠.

마술쇼 늦었잖아~
빨리 가~

응!

끼야아악~

그때쯤은 자율주행차가
대세 아닐까?

돈 없어서
못 샀다는
설정이야

텅텅

공항

비행기들은
의외로 사고가
안 나네요?

자동항법장치가 있으니
조종사들이 없어져도
목적지까지는 올 겁니다.

하지만 자동항법장치를 켜 놓지 않는다면
어딘가에 추락할 겁니다.
추락 중입니다
승무원의 안내에 따라….
내 평생 이렇게
집중하는 승객들은
처음이야~

자동차, 비행기 사고 등으로 인명 피해가 발생하면서
교통 체계가 무너집니다.
소방차와 구급차는 긴급 출동하기 어려워지고
화재 진압이나 수술이 필요한 환자들은 암울해집니다.

불 끄러 왔다가 불 내는 소방차

119

쾅

계세요?

운구차 되기 직전인 구급차

식재료 공급도 한동안 어려워질 것입니다.
대도시보다는 외곽 지역부터 품귀 현상이 나타나겠네요.

답변 완료 **장본 게… 장본 게 늦게… 와…**

주문한 지 3일이나 됐는데…
집에 음식은 다 떨어지고…
배고파 죽겠는데…
배송은 아직도 준비 중…
농사짓는 중인지…
배에서는 꼬르륵거리고…
자꾸 꼬르륵거리면 놀림당하고…
놀림당하면 나가기 싫고…
안 나가면 직장 짤리고…
직장 짤리면 결혼 못 하고…
결혼 못 하면 고독사하고…

ㄴ **판매자 답변** 네, 고객님.
최대한 빨리 발송해드리겠습니다^^

국가 차원에서 본다면 각국 대통령, 부통령, 장관들, 국가 행정을 위해 힘쓰는 공무원들이 사라지면 무정부 상태로 빠질 수 있죠. 무정부 상태 이후 피해는 해당 국가 질서가 잘 유지되는가에 따라 결정 나겠네요.

한국은 모범 사례가
있었던 만큼
걱정 없을 것
같습니다

촛불
안 뜨겁니?
LED 양초임

산업 시설이 타격을 받아서 주식시장, 금융권도 피해가 갑니다.

하지만 나는 코로나 팬데믹 초반에
반토막 난 주식들이 다시 회복된다는 걸
배웠지! 가즈아!

큰 욕망에 비해
소박한 잔고인 걸?
텅장

타노스가 인간들만 타깃으로 했다면 인간 사회의 일시적인 붕괴로 끝날 것입니다. 초반의 대혼란만 이겨낸다면 금방 다시 도시를 일으켜 세우고 인구수도 늘어날 테니까요. 게다가 인력난으로 인해 자동화 로봇, 인공지능 도입은 가속화될 겁니다.

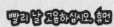

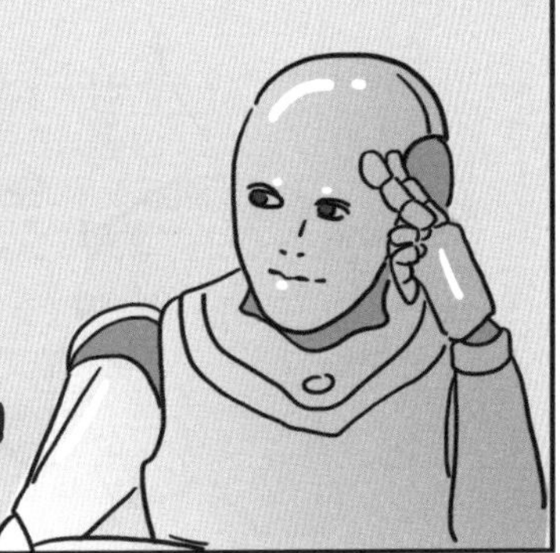
빨리 날 고용하십시오. 휴먼

만약 타노스의 타깃에 동식물도 포함되어 있다면 어떨까요? 가장 문제가 되는 건 멸종위기종입니다. 안 그래도 얼마 남지 않은 개체수가 절반이 되었으니, 이들의 운명은 더 빨리 끝이 나겠네요.

현재 3마리 생존 중인 양쯔강 대왕자라
1
2
3
타노스의 핑거스냅 후

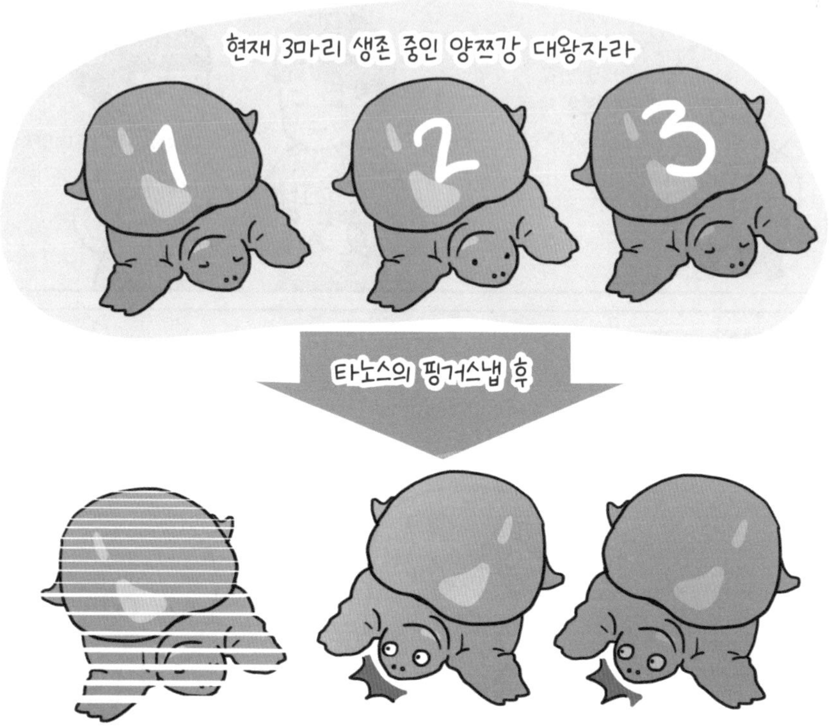

…지구에 우리 둘만 남았네요! 지금부터라도 종족번식을 위해 힘써보죠~!!
형… 우리 둘 다 수컷임

멸종위기종과 반대로 가축 동물들은 의외로 괜찮습니다.
소, 돼지, 닭, 양 등은 인간에 의해 대량 사육되었기 때문에
개체수가 많고 번식력도 높아 금방 회복될 것입니다.

세계 육상 동물 비율
인간 및 가축 97%
야생동물 3%
내가 지구의 지배자네?
닭 230억 마리
소 15억 마리
돼지 10억 마리
양 10억 마리
하지만 좋은 것만은 아닙니다.

호랑이, 상어, 고래 같은 상위 포식자들은 번식력이 약합니다.
개체수가 절반으로 줄면 먹이사슬 아래쪽의 동물들이 폭증해서
생태계에 혼란이 올 수 있습니다.

그 예 중 하나가 1958년 중국에 있었습니다. 바로 '제사해 운동' 입니다.

4가지
해로운 것을
없애자!

농작물에 피해를 주는
참새도 없애자!

제사해 운동이 장려되고 1년 만에 중국에서
20억 마리의 참새가 없어졌죠.

뿌듯

중국인들은 해충을 박멸했다며 자부심을 가졌습니다.
이듬해 많은 농작물을 수확했다는 효과까지 있었죠.

하지만 2년 뒤 급증한 메뚜기 떼가
모든 농작물을 먹어 치우며 최악의 기근이 시작되었습니다.
당시 기근으로 약 3,000만 명이 사망했다고 추정됩니다.

휭

파드득

중국은 소련과 캐나다에서 다시 참새를 들여왔습니다.
그리고 4가지 해충에서 참새를 빼고 대신 빈대를 집어넣었죠.
도와주세요~

미생물까지 절반이 없어지면
보이지 않는 위험도 발생합니다.
위협적인 세균, 박테리아도 있지만
동식물에게 유익한 균도 많기 때문이죠.

유산균 같은 장내 유익균들이 없어지면서 건강이 악화될 수 있고,
다른 미생물 감소로 체내 구성이 바뀔 수 있습니다.
성인 몸속에는
약 2kg의
미생물이 있음
그래도 바로 1kg은
다이어트 되는 거네?

흙의 질소를 유지해주는 미생물 절반이 사라지면
질소 부족으로 식물들이 서서히 죽어갑니다.
또한 식물의 수정을 도와주는 벌, 나비, 박쥐들도 절반이 없어져
번식 속도가 상당히 느려지겠죠.
죽지 마~
내 과자 포장 속에 든
질소라도 먹어!
나한테 주지 말고
흙 속의 질소고정세균에게
주라고!

하지만 다행히 곤충과 미생물은
번식력이 압도적으로 뛰어나서
다시 그들만의 생태계를
만들어갈 것입니다.

이들에게서 영향을 받던 식물들의 생태계도 복구되고
이에 맞추어 초식, 육식 동물도 서서히 늘어날 것입니다.
물론 이 과정에서 몇몇 종은 멸종하고 생태계가 기존과
완전히 다른 모습으로 바뀔지도 모릅니다.
공룡이 멸종하고
포유류가 그 자리를
이은 것처럼 말이죠

하지만 인간이 도시와 사회를 재건하는 동안
어떤 형태로든 자연은 더 번창할 것입니다.
왜냐하면 인구 100억 명이 함께 살 때보다
자연을 훼손할 확률이 줄어들기 때문이죠.

그럼 날 위해
인류 절반 계획을
실행해줄래?

그, 그건 좀 우리가 곤란한걸

그냥 아껴 쓰고 다 같이 오래 사는 거로 하자

안녕~

쳇

6

모기가 멸종되면 생태계에 영향이 생길까?

스님 왜
멈추세요?

살생할 뻔했구나.
옆으로 가자.

네~
자애로우셔

위잉
쿨쿨

탁
꽥

아차!
음…
모기는… 인정
여러분은 지난 여름 모기와의 전쟁에서 승리하셨나요?

모기와의 전쟁은 전 세계에서 이뤄지고 있습니다.
모기는 흔히 생각하는 덥고 습한 나라뿐만 아니라

말라리아, 뎅기열 위험 지역

추운 남극과 아이슬란드에도 있습니다.

짧은 여름 동안 얼음이 녹아서
생긴 물웅덩이에 유충이 번식
토네이도를 연상시키는
수만 마리의 모기 떼 생성
어린 순록은
흡혈만으로 죽음

모기는 피를 빨아먹는 것과 동시에
세균, 바이러스들을 주입해서 우리 몸을 감염시킵니다.

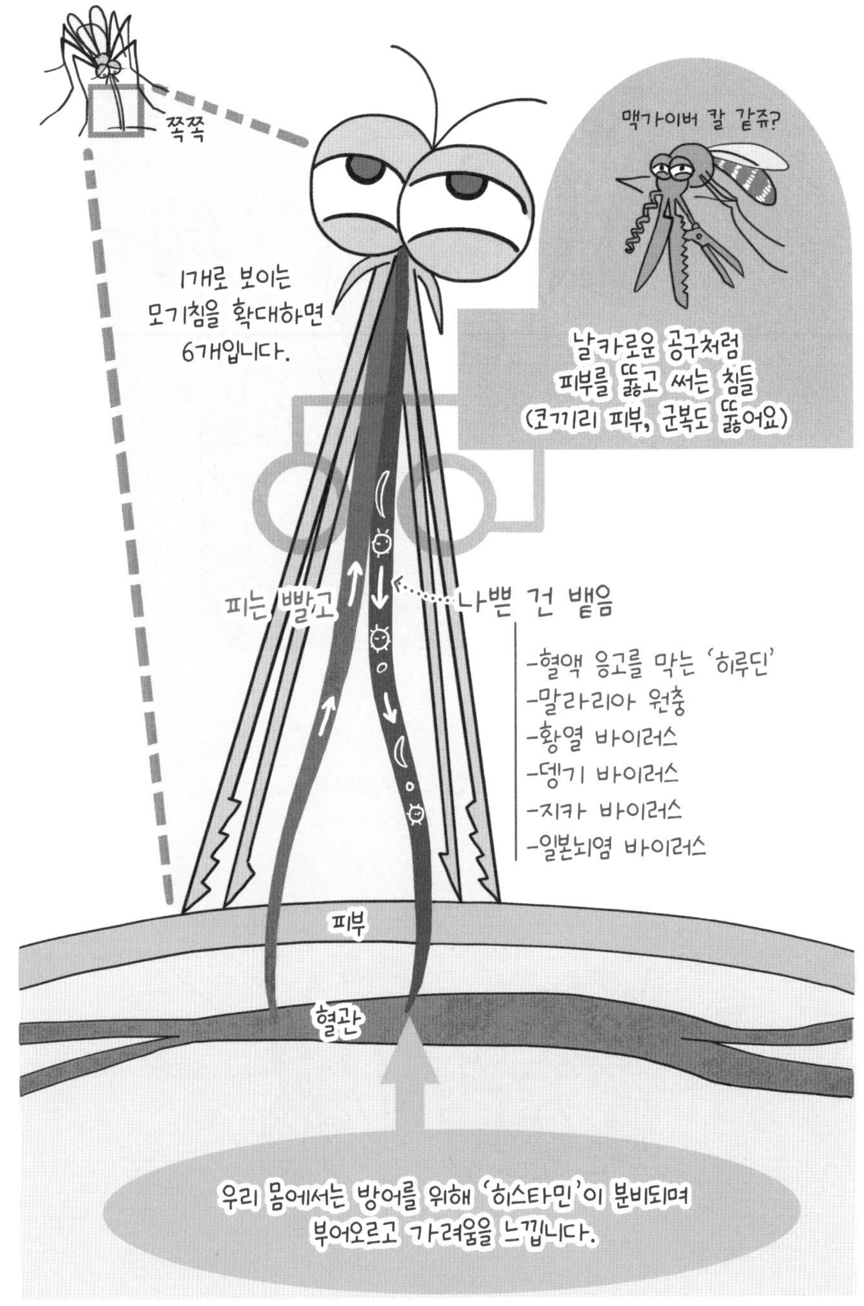

쪽쪽
맥가이버 칼 같쥬?
1개로 보이는
모기침을 확대하면
6개입니다.
날카로운 공구처럼
피부를 뚫고 써는 침들
(코끼리 피부, 군복도 뚫어요)
피는 빨고
나쁜 건 뱉음
-혈액 응고를 막는 '히루딘'
-말라리아 원충
-황열 바이러스
-뎅기 바이러스
-지카 바이러스
-일본뇌염 바이러스
피부
혈관
우리 몸에서는 방어를 위해 '히스타민'이 분비되며
부어오르고 가려움을 느낍니다.

모기로 인한 감염은 수많은 동물에게 피해를 줍니다.
인간의 경우 매년 100만 명이 모기 때문에 사망합니다.

지금까지 태어나고 죽은 인간이 1,100억 명으로 추정될 때
이 중 절반이 모기로 인해 사망했다는 연구보고서도 있죠.

모기들은 기원전 아테네, 그리스 시절부터 로마제국에 이어
신대륙 발견과 근대의 전쟁까지 영향을 끼쳤습니다.

시리우스

개의 별이 떴네.
여름이 왔구나.

나는 의학의 아버지 히포크라테스

그럼 열병이
또 유행하겠군.

야근각….

여름과 초가을이면 말라리아가 유행했는데,
옛사람들은 나쁜 공기가 원인이라고만
생각했습니다.

원인은 나,
얼룩날개모기♀

18세기 말 미국을 노리던 나폴레옹은
흑인 노예들이 반란을 일으킨 아이티에 병력을 파병합니다.
반란을 진압하고
미국까지 진출하자!
내 사전에 불가능은 없다
아이티

하지만 황열로 인해 계획은 수포로 돌아갔죠.
황열 내성 있는 흑인 노예
황열 바이러스를 옮기는 이집트숲모기
철수! 철수!

제2차 세계대전 당시,
태평양과 극동 지역에선 말라리아가 극성을 부려서
전투 사상자보다 감염 사망자가 많은 부대도 곳곳에 생겼습니다.
미군이 말라리아 예방약 '아타브린'을 나눠줬는데

그거 먹으면 발기부전, 불임 되무니다.
퉤
주르륵
일본군의 거짓 선전에 복용을 기피하는 소동도 있었죠.

전 세계에는 110조 마리의 모기가 있습니다. 약 3,500종류이며 그중 6%만 피를 먹고, 나머지는 꿀이나 과일을 먹고 삽니다.

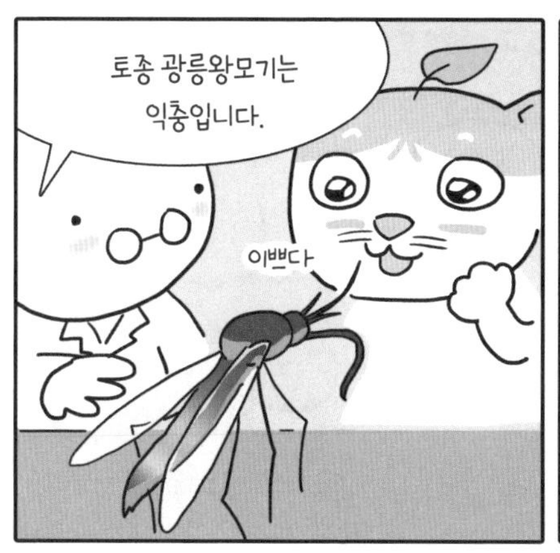

토종 광릉왕모기는 익충입니다.
이쁘다

유충 시절엔 감염 매개체인 다른 모기의 유충을 먹죠.
백성을 해하는 자 용서치 않으리

꿀만 먹으며
올해 진상품이 훌륭하구나

꽃의 수분도 도와줍니다.
꽃씨를 널리 뿌려 백성을 이롭게 하리라

탁
앗싸! 모기 잡았다!
설명 안 들은 게놈이
꽥
무슨 짓을….
으앙! 상감마마!!!!

과학자들은 오랜 시간 동안 모기를 퇴치하기 위해 노력해왔습니다.

과거에는 모기들이 알을 낳는 곳에 약을 뿌렸고
방역
살충제인 줄도 모르고
마냥 좋았던 방역차

오늘날에는 모기 감염병의 백신 주사도 개발해 접종하고 있죠.
다 컸으니
병원 정도는
혼자 와도 돼요.
아직 일러!
꼬옥

미나니 님.
주사 맞을게요.
으앙~
다 컸으면 혼자 오라고요!

최근에는 유전 공학 기술을 이용해 모기를 박멸하려는 시도가 있습니다.

영양분이 필요한 산란기의
암컷만 피를 빱니다.
암컷 유충 유전자를 일부 조작해
성별이 없는 모기를 만들었더니
유전자 조작

성충이 된 후 생식을 하지 않아
개체수가 크게 줄었습니다.
나 좋아하지 마라
그거 어떻게
하는 건데?

앗!
어쩐지~
왜?

과학자들이 내 주변 애들
유전자 조작했네!
나랑 연애하기 싫대!
…그건 네가
매력이 없어서가
아닐까?

뭐?! 유전자 조작당하면
이성이 매력 없어 보여?
소름~
불쌍하니까
제발 그만해….

브라질 상파울루주에서는 생식에 성공하면 유충이 죽어버리는
'유전자 조작 모기'를 방출하는 실험을 시행했습니다.
시간이 지나자 해당 지역 모기의 92%가 줄어들었습니다.

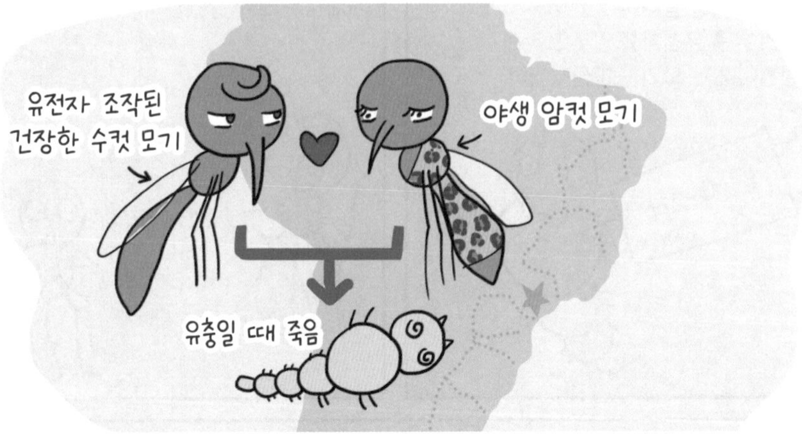

만약 이런 기술들로 모기를 인위적으로 멸종 시킨다면 어떻게 될까요?
생태계는 문제가 없을까요?

과학계는 두 가지 상반된 의견을 내놓습니다.

물속에서 사는 모기 유충은 물고기들의 쉬운 먹이였습니다.

모기가 멸종되면 물고기 먹이가 조금 줄어들겠네요.

모기는 식물의 수분을 돕기도 합니다.
하지만 이를 수행할 다른 생물들도 많죠.

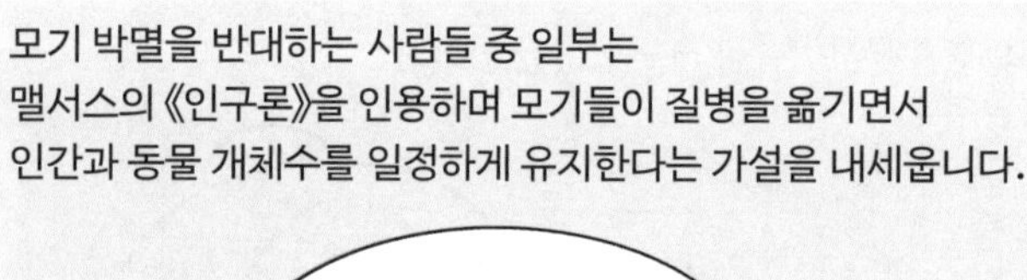
모기 박멸을 반대하는 사람들 중 일부는
맬서스의 《인구론》을 인용하며 모기들이 질병을 옮기면서
인간과 동물 개체수를 일정하게 유지한다는 가설을 내세웁니다.

특히 유전자 조작 모기를 방출하다 보면
이상한 모기가 나타날지도 모릅니다.
유전자 조작 반대
이상한 모기 연대
억울해
피는 암컷이 빠는데
왜 유전자 조작은
수컷만 당하냐!
억울하다

모기 다 없애면
울 아빠 어떻게 살아요.
왜?
훌쩍

아빠가 모기셔?
아뇨….
모기 퇴치제 파세요.
참 편견 없는 분이시네

하지만 정말 멸종된다면 좋은 점이 더 많을 것 같습니다.
모기로 인한 열악한 환경의 국민, 특히 어린이 사망률이 급감할 겁니다.
이를 위해 빌 게이츠 같은 유명인사들이 기부 등으로 노력하고 있습니다.

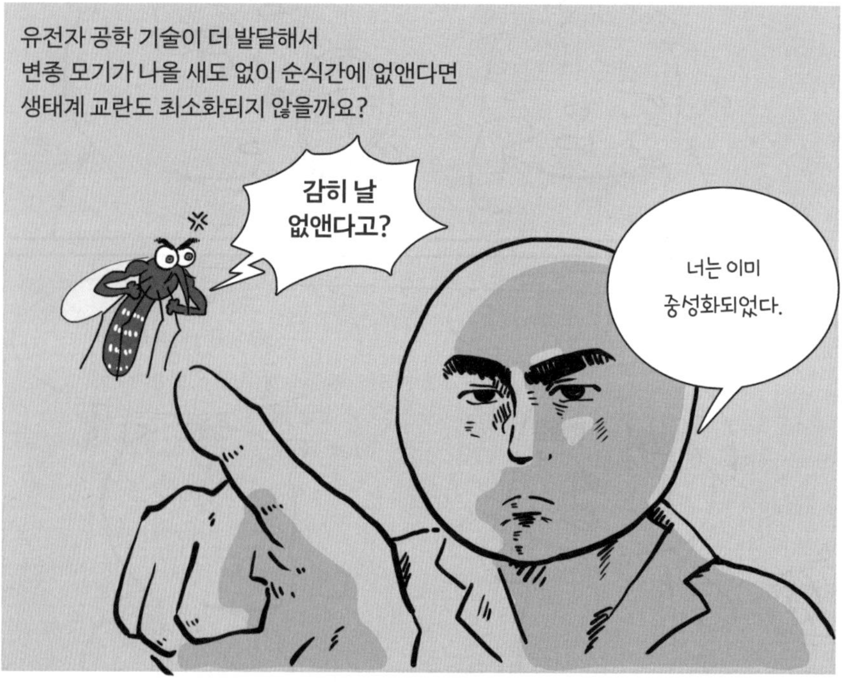

유전자 공학 기술이 더 발달해서
변종 모기가 나올 새도 없이 순식간에 없앤다면
생태계 교란도 최소화되지 않을까요?

감히 날
없앤다고?

※

너는 이미
중성화되었다.

오늘도 모기 박멸을 위해
노력하는 분들을 응원합니다.

7

새들은 어떻게 이성을 유혹할까?

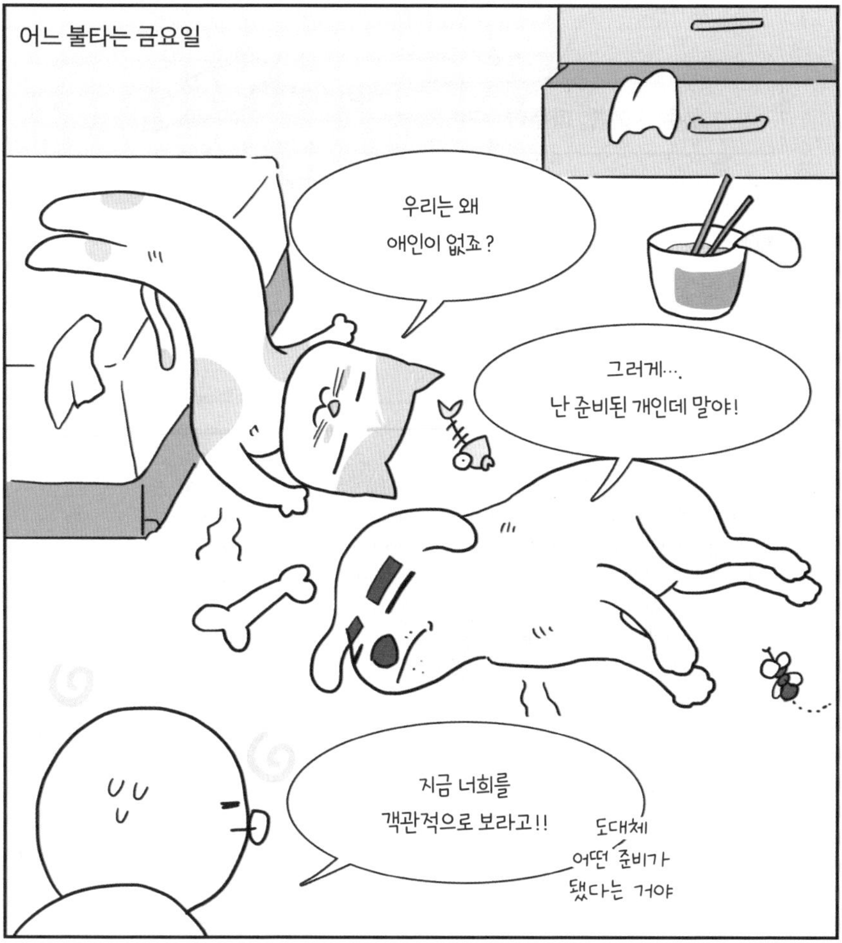

어느 불타는 금요일

우리는 왜 애인이 없죠?

그러게…. 난 준비된 개인데 말야!

지금 너희를 객관적으로 보라고!!

도대체 어떤 준비가 됐다는 거야

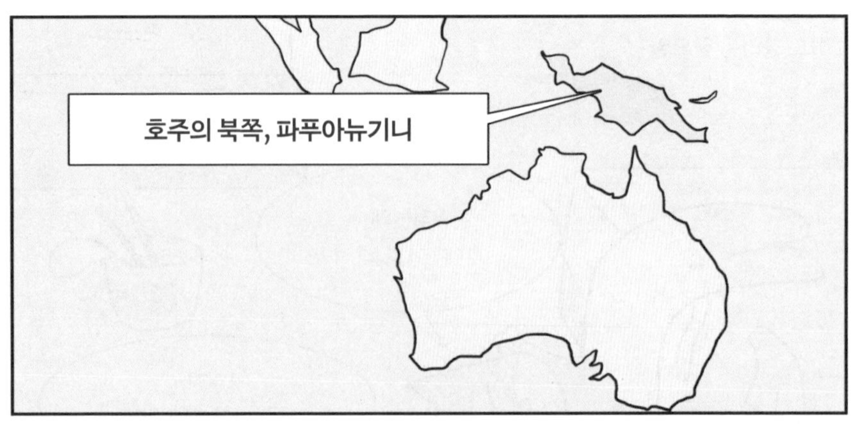
호주의 북쪽, 파푸아뉴기니

나뭇잎이 무성한 밀림 속,
까마귀를 닮은 새가 있습니다.
안녕하세요.
꼬리비녀극락조(♂)입니다.
지금부터 짝짓기 준비를
하겠습니다.

열심히 바닥에 떨어진 것들을 치우기 시작하네요.
나뭇잎도~
휙
열매도~
휙
꽃잎도~
휙

Before

After

작은 새가 혼자 넓은 장소를 말끔히 치웠네요.
대단합니다.

깨끗

뿌듯

암컷이 왔습니다.
안녕~ 아가씨~
제 무대가 어떠신가요?
저는 준비된 남자입니다~
VIP 관람석

앗~ 미처 치우지 못한 낙엽이 있었네요.
빤~
앗!

낙엽 한 장으로 암컷도, 솔로탈출의 기회도 날아갔습니다.
푸드덕

다시 마음을 가다듬고 구애의 춤을 연습합니다.
씰룩
괜찮아~
나에게는 춤이 있잖아!!
씰룩

꼬리비녀극락조 외에도
짝짓기를 위해 춤을 추는 새들은 많습니다.

앉아서 파도 타듯이
날개를 살랑살랑 흔드는 타조춤

긴 목과 다리로 우아하게
암수가 같이 추는 두루미춤

부비부비

발레가 생각나는 백조의 춤

열심히 구애의 춤을 춘 지 3시간 만에 다시 기회가 왔습니다!
VIP 관람석
두근 두근
심장아,
나대지 마.

VIP 관람석
휙
이번에야말로
극락을 경험시켜
드리죠~

아… 수컷 새네요.
그것도 다른 종입니다.
……
……
ㄱㄱ
ㄱㄱ
아… 설마
못 들었겠지?

경험 안 시켜줘도
됨 ㅋㅋ
ㄱㄱ
ㄱㄱ 아!!
오늘밤 이불킥 확정

휘릭
또 오면 죽는다!

누가 또 왔습니다.
사뿐
VIP 관람석

꼬리비녀극락조 암컷입니다.
생긋
어버버
VIP 관람석

보여줄 거
없어요?
핫!
VIP 관람석

처음은 인사로 시작합니다.
제 파라다이스에
오신 걸 환영합니다~

갑자기 수컷의 눈빛이 파란색에서 노란색으로 달라졌습니다.
번쩍

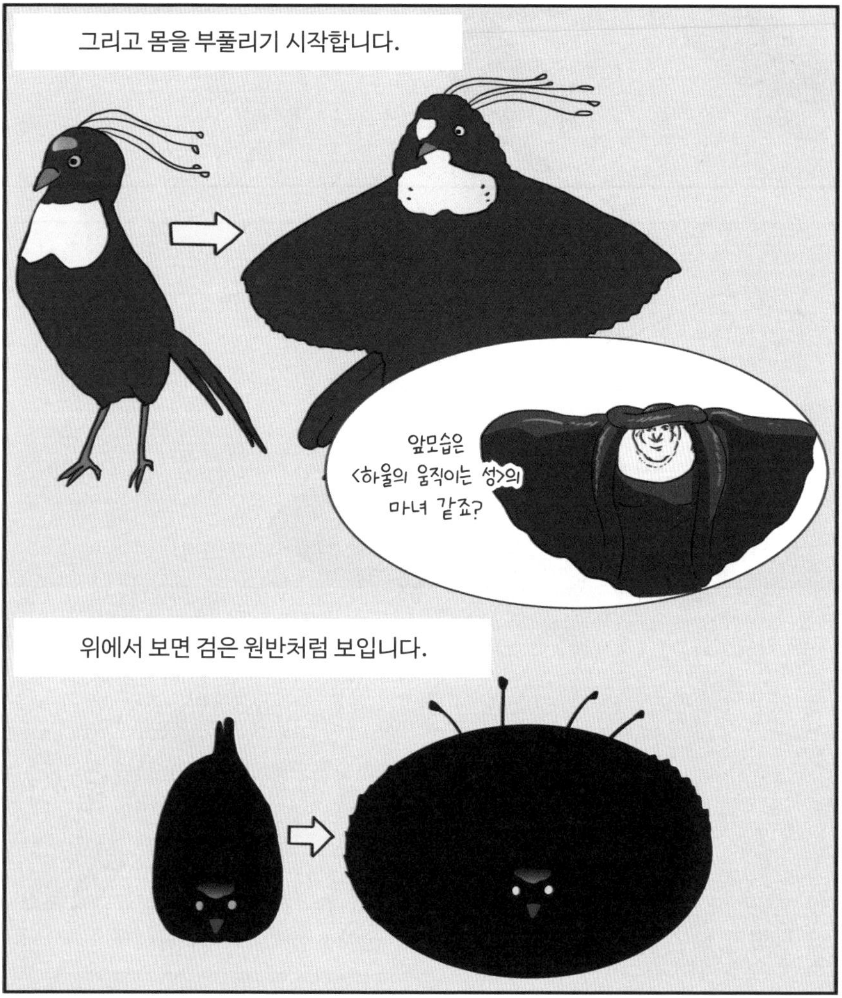

그리고 몸을 부풀리기 시작합니다.

앞모습은
<하울의 움직이는 성>의
마녀 같죠?

위에서 보면 검은 원반처럼 보입니다.

외모 변신이 끝나면 화려한 스텝을 밟습니다.

어머! 저 현란한
목 아이솔레이션~♪

들썩 들썩

암컷은 날개를 들썩이며 격려합니다.

암컷이 만족할 때까지 춤은 계속됩니다.
음…
헉헉

드디어 암컷의 허락을 받아냈습니다.
드루와 드루와~
?!

꼬리비녀극락조는
이렇게 꿈을
이뤘지~
수컷이 더 이쁜데
수컷만 너무 애쓰는 거
아니에요?
그러게, 사람은 외모가
잘난 사람이 튕기잖아

꼬리비녀극락조 외에 다른 40종류의 극락조들이 있는데
수수한 암컷에 비해 수컷들은 화려한 깃털을 가졌습니다.
♀ 왕극락조 ♂
HA HA HA
옆모습은 이렇다구~
♀ 어깨걸이극락조 ♂
♀ 윌슨극락조 ♂
♀ 큰극락조 ♂
화려한 수컷의 깃털을 노린
인간들에게 사냥을 많이 당했죠.

화려할수록 포식자의 눈에 띌 텐데, 왜 이렇게 진화했을까요?
찰스 다윈은 공작새를 볼 때마다 불편했다고 하죠.
수컷은 왜 저런 무거운 깃털이 있지? 도망가기도 힘들 텐데?

헉! 포식자에게 도망가는 것보다 이성에게 선택받기 위해서?
?!
어머! 꽃미남~

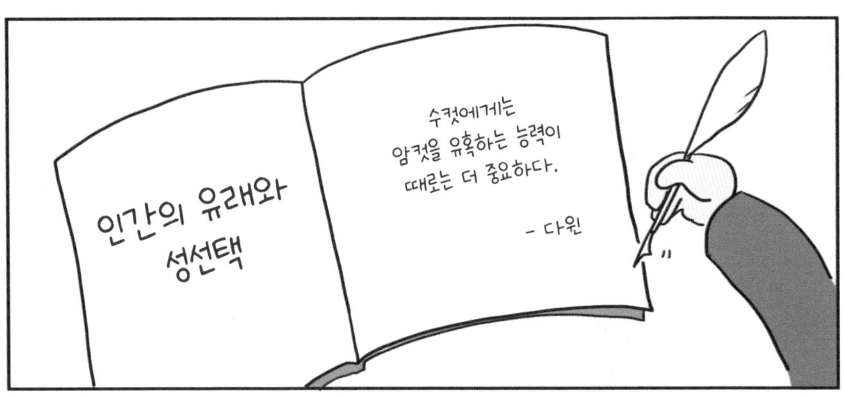

인간의 유래와 성선택
수컷에게는 암컷을 유혹하는 능력이 때로는 더 중요하다.
- 다윈

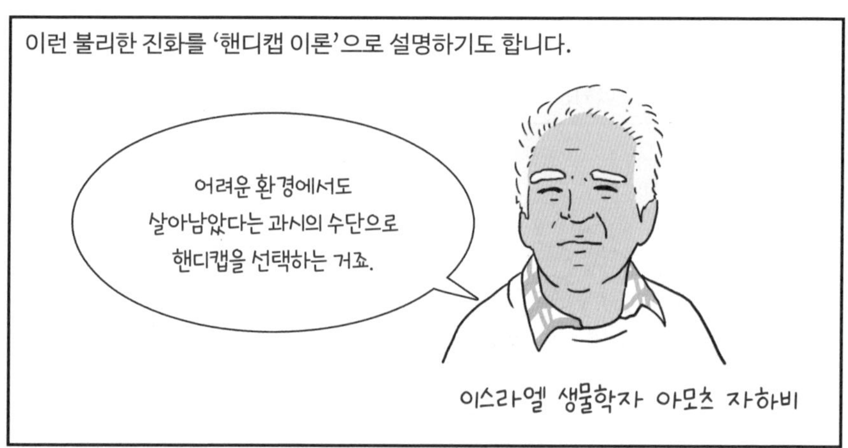
이런 불리한 진화를 '핸디캡 이론'으로 설명하기도 합니다.
어려운 환경에서도 살아남았다는 과시의 수단으로 핸디캡을 선택하는 거죠.
이스라엘 생물학자 아모츠 자하비

1. 자연 친화적인 색의 깃털

포식자 눈에 띌 확률▼
이성 눈에 띌 확률▼

2. 반짝이는 반사판이 있는 깃털

포식자 눈에 띌 확률▲
이성 눈에 띌 확률▲

꼬리비녀극락조야. 다시 선택해보렴~

이성에게 버림받느니 차라리 잡아먹히는 게….

우리도 올해 꼭
솔로탈출 하자~
극락조처럼
청소! 청소!
펄럭
위잉

극락조처럼 댄스♪ 댄스♪

화려한 매력 발산 외모 갖기!
드디어 너희들의 노력이
빛을 발하네!
만나보고 싶다고
밖에 계셔

암컷 꼬리비녀극락조가 호감을 보였다.

드루와 드루와~

....

8
인류를 가장 많이 살린
동물은 무엇일까?
SPACEX

인류를
가장 많이 살린
동물은 뭘까요?
정답!

고양이! 귀여움이
세상을 구하니까~
응, 아니야~

M-1
보여줄게요.
소독하고~
소독

2,500여 종의 실험쥐 중에서
대표적인 걸 보여줄게요.

누드쥐

털이 없고 면역력도 없어서
바이러스나 백신 실험에 쓰임

녹아웃쥐

특정 연구를 위해 유전자를 조작함

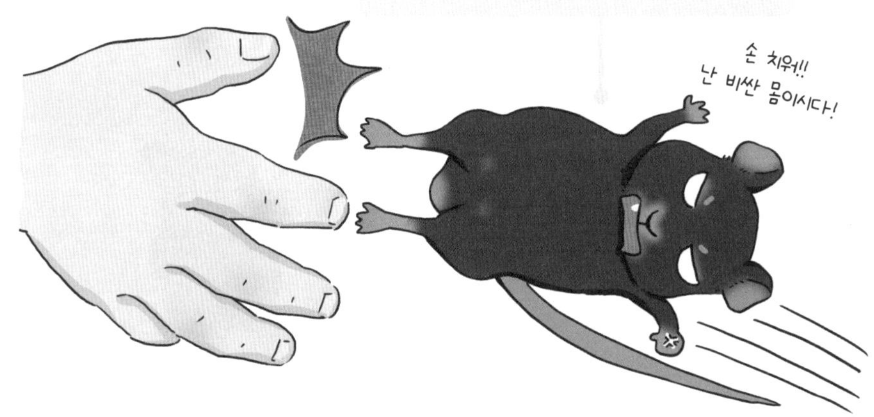

녹아웃쥐를 만드는 건 어렵고 오래 걸립니다.

유전자 조작한 배반포
주입하여
착상시킴
정상쥐
키메라쥐
정상쥐
정상쥐
유전자 일부
제거한 쥐
유전자 일부
제거한 쥐
녹아웃 생쥐
(유전자 완전 제거)
정상쥐

그래서 마리당 1만 원 정도의 실험쥐와 달리
녹아웃쥐는 수십에서 수천만 원까지 이릅니다.

작고 귀여워.
만져봐도 돼?
응.

악! 물렸어!!

흰쥐는 온순한데
검은쥐는 포악해서
이렇게 뭅니다.
그럼 만지면
안 되잖아!!
대롱
대롱

쥐들은 청각이 예민하니
조용히 하세요!
몇 년간의 연구를
망칩니다~

이외에도 마우스보다 큰 덩치를 가진
'래트(시궁쥐)'가 있습니다.

래트
당뇨, 고혈압 연구 등에 쓰임

마우스

여기 래트도
있어요?

네~

저기요.
엄청 크죠?

읍읍~

쥐를 옮길 때는
꼬리를 잡아주세요.

끝이 뭉툭한 주사로 실험 약물을 주입합니다.

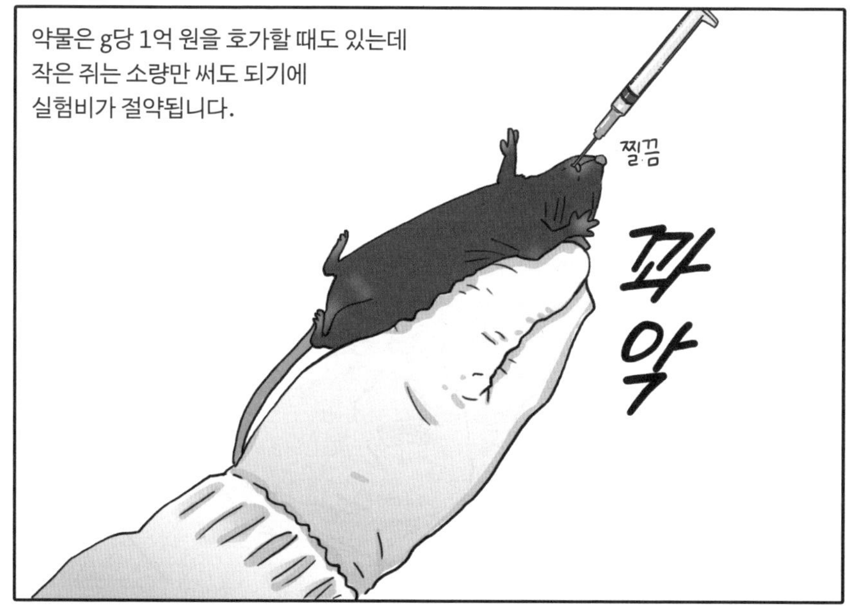
약물은 g당 1억 원을 호가할 때도 있는데
작은 쥐는 소량만 써도 되기에
실험비가 절약됩니다.
찔끔
꽈
악

여기 쥐 둘이 합방을 치르고 있습니다.
생후 6주 찍찍이♂

3주 뒤면 내 2세들을 보는 건가? 음핫핫핫
후훗
뿌듯

하지만 임신하지 못했습니다.
그는 정관수술한 쥐이므로….

헐…. 내가?!

암컷이 임신했다고 착각해서
호르몬이 분비되면
수컷의 역할은 끝입니다.
울지 마라

이후 암컷은 수정란 이식 수술을 받습니다.

뜨밤 잊지 않을게.
찍찍 언니….

네가 더 나빠!

완벽한 무균 쥐를 만들어야
실험 결과의 재현성을 높일 수 있기에
인공 교배를 합니다.

왜 실험동물은
쥐가 제일 많아요?

한 번에
5~10마리의 새끼를 낳고
한 세대 주기도 짧아
유전 연구에 좋기 때문이죠.

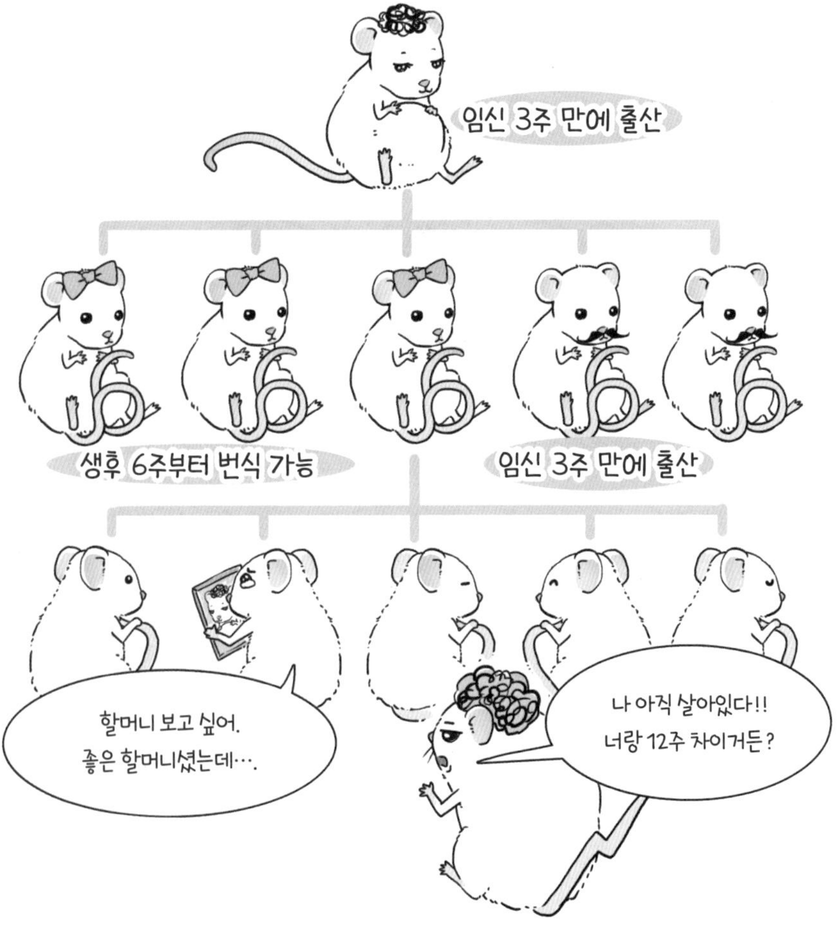

임신 3주 만에 출산

생후 6주부터 번식 가능

임신 3주 만에 출산

할머니 보고 싶어.
좋은 할머니셨는데….

나 아직 살아있다!!
너랑 12주 차이거든?

쥐와 인간 유전자는 80%가 동일해서
고혈압, 비만, 암, 우울증 등이 쥐에게도 나타납니다

인간과 유전자가 가장 일치하는 건 유인원(98%)이지만
연구가 오래 걸리고 관리가 힘들어 쥐를 사용합니다.

실험쥐들은 일생을
연구실에서 보내지만
우주로 간 쥐들도 있습니다.
SPACEX

근육 2배로 늘린
유전자 조작 쥐
근손실 억제 약물을
우주에서 투여한 쥐
그냥 쥐
우주 정거장
생활 33일 후
근육 유지됨
근육 늘어남
근손실 옴

이제 근손실 걱정 없이
우주에 갈 수 있겠네요?
그렇죠.
우주여행비 312억만
걱정하면 됩니다.
NASA

인류를 위해서라지만
실험쥐가 불쌍해요.

그런 부분 때문에
전공을 바꾼
연구자들도 있죠.

침은 흘려도
되는데
먹지는 마

실험동물도 소중한 생명이기 때문에
3R 원칙을 지키면서 연구합니다.

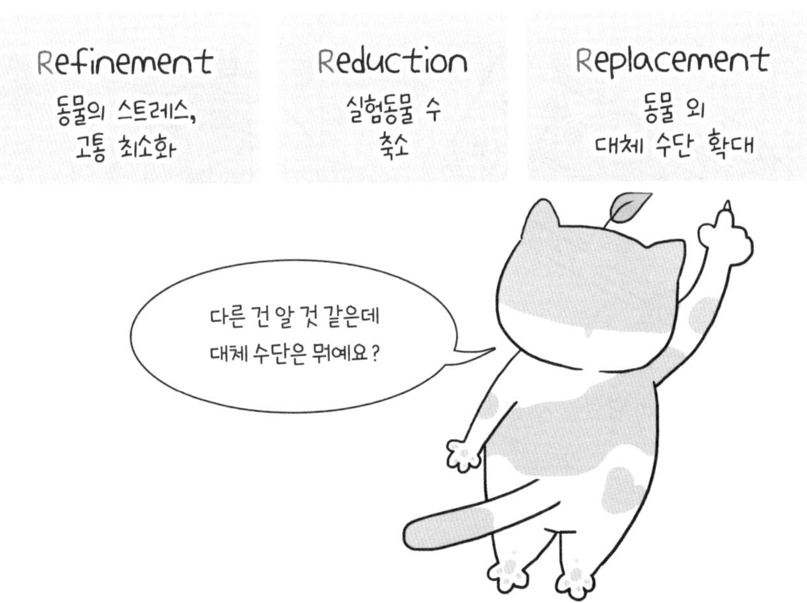
Refinement
동물의 스트레스,
고통 최소화
Reduction
실험동물 수
축소
Replacement
동물 외
대체 수단 확대
다른 건 알 것 같은데
대체 수단은 뭐예요?

대체 수단은 동물실험을 수행하지 않고 연구 목적을 달성하는 방법을 찾는 것입니다. 대표적으로 '오가노이드', '장기칩' 등이 있습니다.

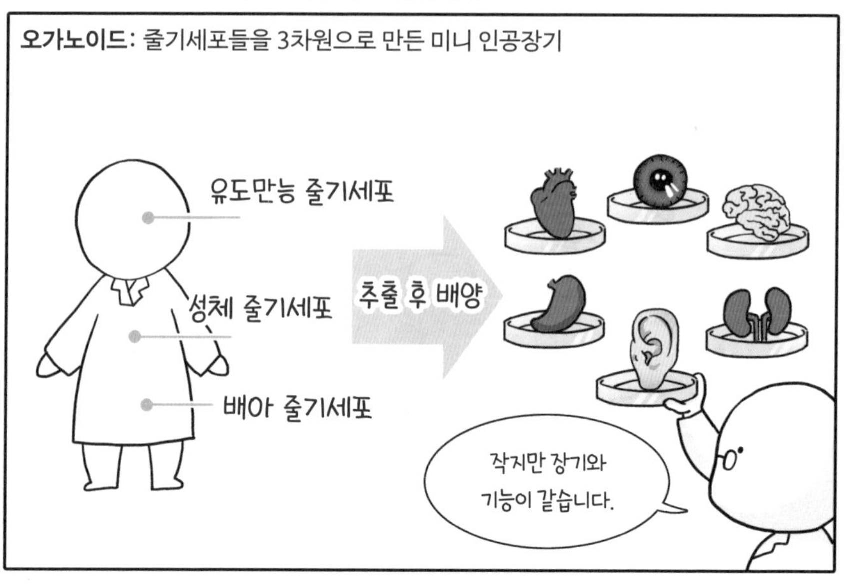
오가노이드: 줄기세포들을 3차원으로 만든 미니 인공장기
유도만능 줄기세포
성체 줄기세포
배아 줄기세포
추출 후 배양
작지만 장기와 기능이 같습니다.

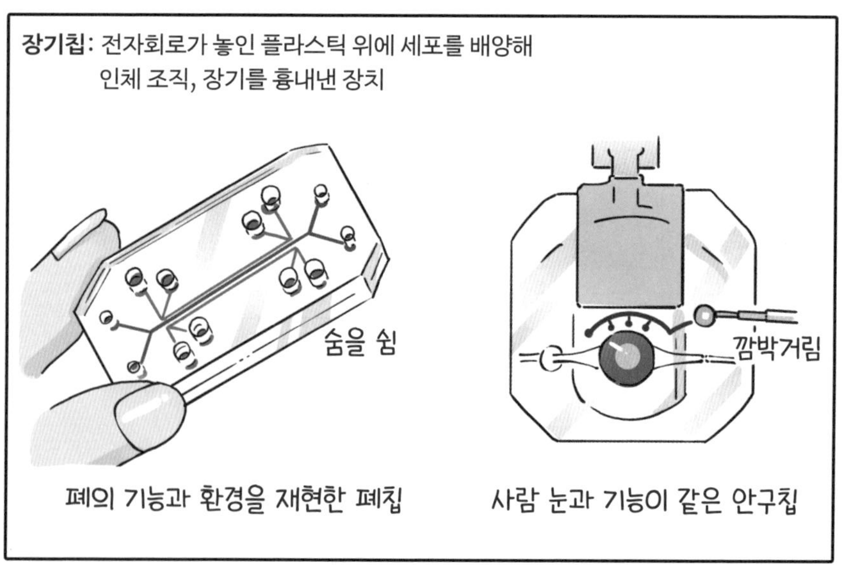
장기칩: 전자회로가 놓인 플라스틱 위에 세포를 배양해
인체 조직, 장기를 흉내낸 장치
숨을 쉼
깜박거림
폐의 기능과 환경을 재현한 폐칩
사람 눈과 기능이 같은 안구칩

이런 기술들이 개발 가속화되면 더 이상 실험동물이 필요 없는 날도 더 빨리 찾아올 겁니다.

상용화되기 전까지
내가 좀 더 힘써야겠군.

논문 쓰는거
도와줄래?
M-1
이제 가자.
싹아~
네!

사람은 죽어서
이름을 남기고
실험쥐는 죽어서
논문을 남긴다
안녕~

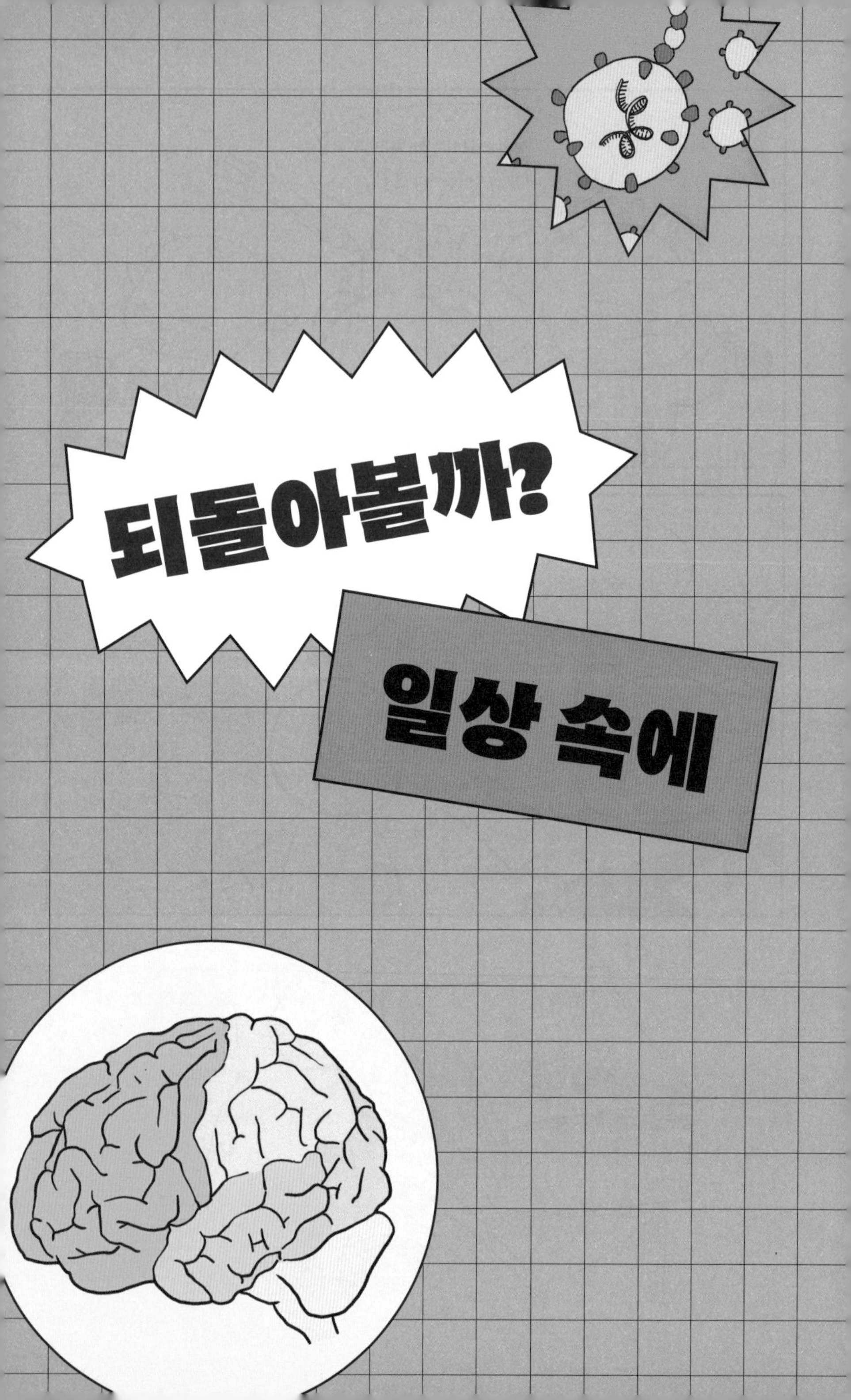
되돌아볼까?
일상 속에

III
숨은
과학 이야기!

9
코로나 백신은
어떻게 만들어질까?

어느 날 녀석들이 들어왔습니다.

증식! 증식!

숙주를 찾아!

숙주! 숙주!

몸속으로 들어온 바이러스들은 스스로
증식하지 못하기 때문에 숙주 세포를 찾습니다.

우리 몸을 구성하는
선량한 세포

숙주 세포다!

들어가자!

?!

팅팅

하지만 바이러스는
세포막에 막혀서
세포 속으로 못 들어갑니다.

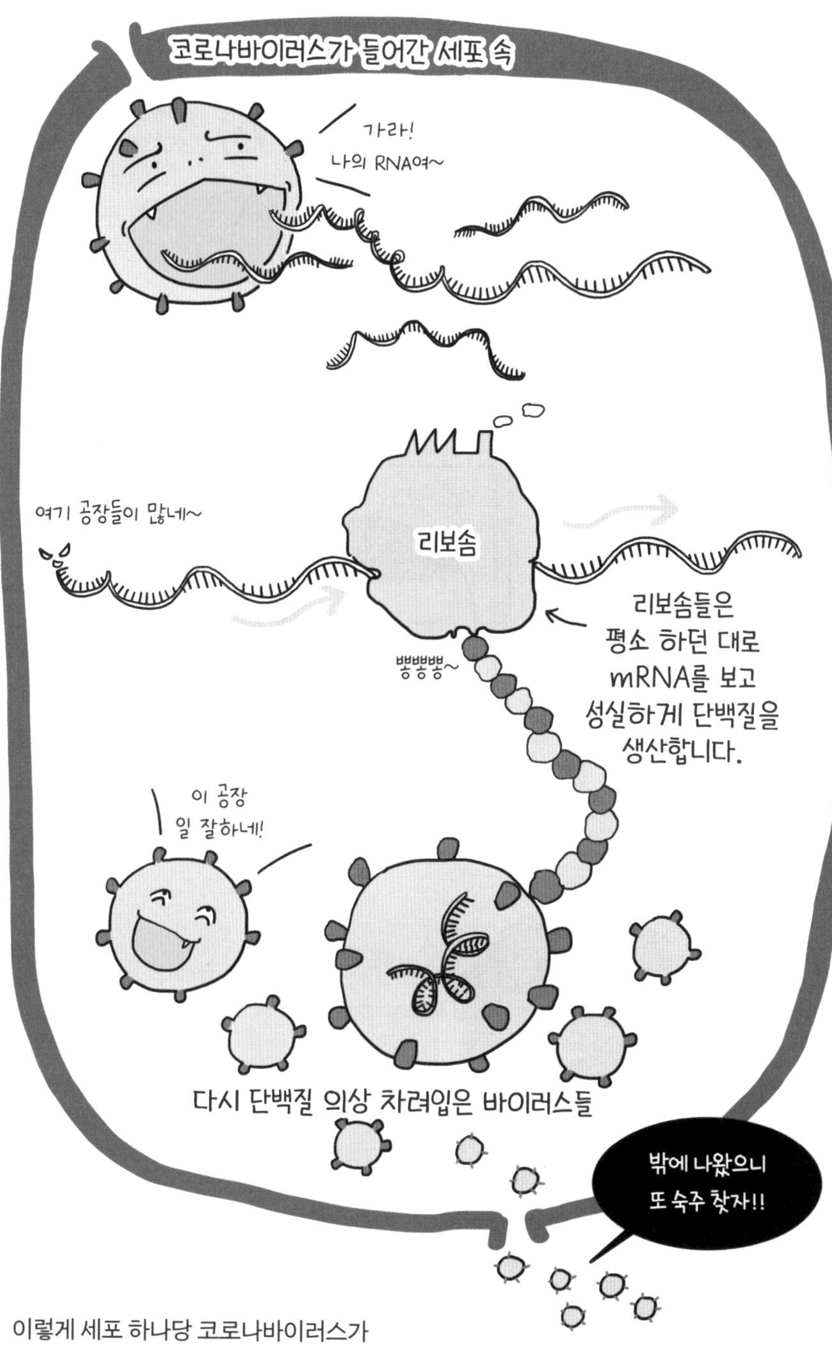

이렇게 세포 하나당 코로나바이러스가
10만 개씩 만들어집니다. 그중에는 불량품도 많죠.

바이러스와 바이러스에 감염된 세포를 마주친 대식세포는

일단 먹고 봅니다.

NK세포
바이러스 감염된 세포,
암세포를 없애버린다.

이렇게 대식세포, NK세포는 바이러스에 대한 선천면역을 담당합니다.

오늘은 뭘
채집할까?
두리번
두리번
수지상세포

처음 보는 거다!!

잡았다!
싹
뚝

이거 봐봐!
B세포, T세포~
수상한 걸 잡았어!
어머
뭘까?
항원(스파이크 단백질)을
보여주는 수지상세포

참 잘했어요~
다음 일은
우리에게 맡겨!

T세포 군단 등장!
두둥

탕
탕
탕
탕
탕
탕
T세포는 자기가 본 항원에 감염된 세포들만 제거합니다.

스파이크 단백질 모양에 맞는 항체를 만들어볼까.
뚝딱 뚝딱

항체 대량 생산 완료!!
수북

B세포는 항원에 잘 붙는 항체를 마구 뿌립니다.
발사!
척
척
척
발사!

스파이크 단백질에 항체가 붙어버리면 세포 속으로 들어갈 수 없습니다. 바이러스가 더 만들어질 수도 없죠.
어라? 전에는 들어갔는데?
수용체
맞는 열쇠가 아닙니다~♪

그리고 T세포, B세포는
항원을 기억해둡니다.

항체 투하! 투하!

T세포! 어셈블!!

순식간에 정리 완료

해당 항원에 대한 기억이 있기에
훨씬 빠른 속도로 바이러스가 제압되죠.
그래서 백신의 목적은 T세포, B세포의 선행 학습입니다.

그런데 코로나 팬데믹에서 역사상 없던 유형의 백신이 나왔죠.
면역 효과 95%! 긴급사용 승인!
화이자
모더나
웅성 웅성
뭐야? 무서워.
화이자는 비아그라 만드는 회사잖아.
백신 개발이 왜 이리 빨라?
기존 백신과 어떻게 다른 걸까요?
백신
지금까지의 백신은 감염력이 아주 약해진 바이러스나 박테리아를 인간의 몸에 주입해서
NK
덜덜
대식
우리의 면역체계가 어떤 균인지, 어떤 바이러스인지를 미리 파악한 뒤 방어물질을 만들어 뒀습니다.

할머니뻘 백신
다들 나 맞고
자랐지~

1. 살아있지만
약한 바이러스로 만든
약독화 백신

2. 죽은 균주를 이용한
사독 백신

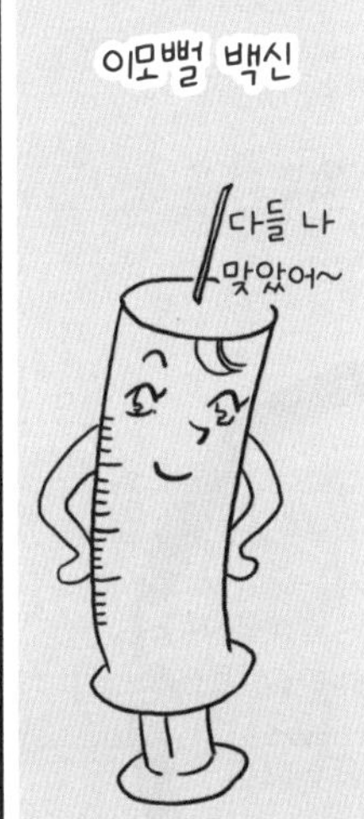
이모뻘 백신
다들 나
맞았어~

3. 박테리아에서 발생하는
독소를 막기 위해
약해진 독소를 주입하는
톡소이드 백신

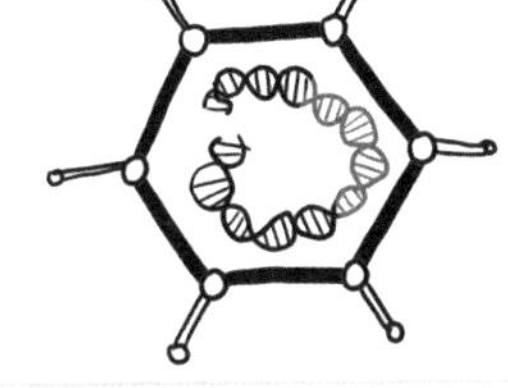

4. 균에서 병을 일으키는
일부에만 사용하는
아단위 백신

5. 다당류나 단백류가
바이러스에 접합되어
면역 역할을 하는 접합 백신

신생아 백신
응애~

6. 바이러스의 유전 물질인
DNA나 RNA를 이용한
유전 공학 백신

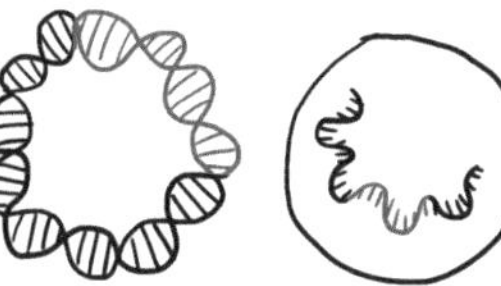

화이자, 모더나는
유전 공학 백신 중에
mRNA를 사용한
백신입니다.

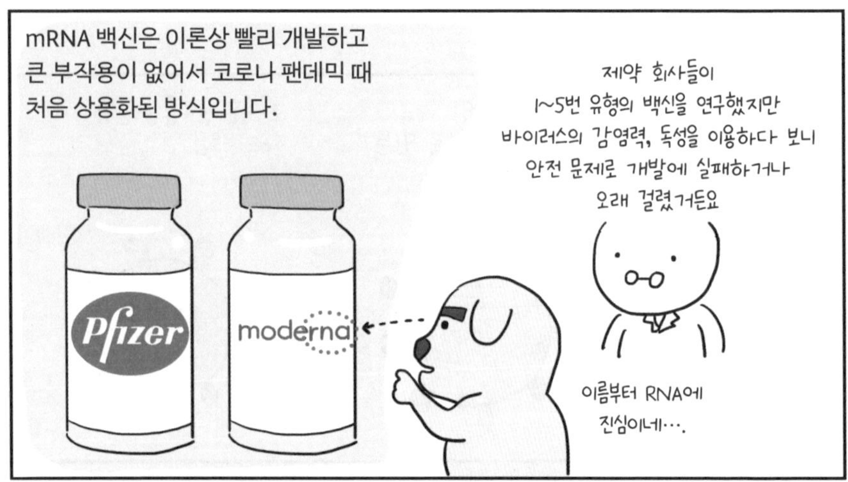
mRNA 백신은 이론상 빨리 개발하고
큰 부작용이 없어서 코로나 팬데믹 때
처음 상용화된 방식입니다.
제약 회사들이
1~5번 유형의 백신을 연구했지만
바이러스의 감염력, 독성을 이용하다 보니
안전 문제로 개발에 실패하거나
오래 걸렸거든요
Pfizer
moderna
이름부터 RNA에
진심이네….

mRNA 백신은 코로나바이러스의 '스파이크 단백질 mRNA'만
입력해서 포장한 후, 세포 속으로 들어가게 합니다.

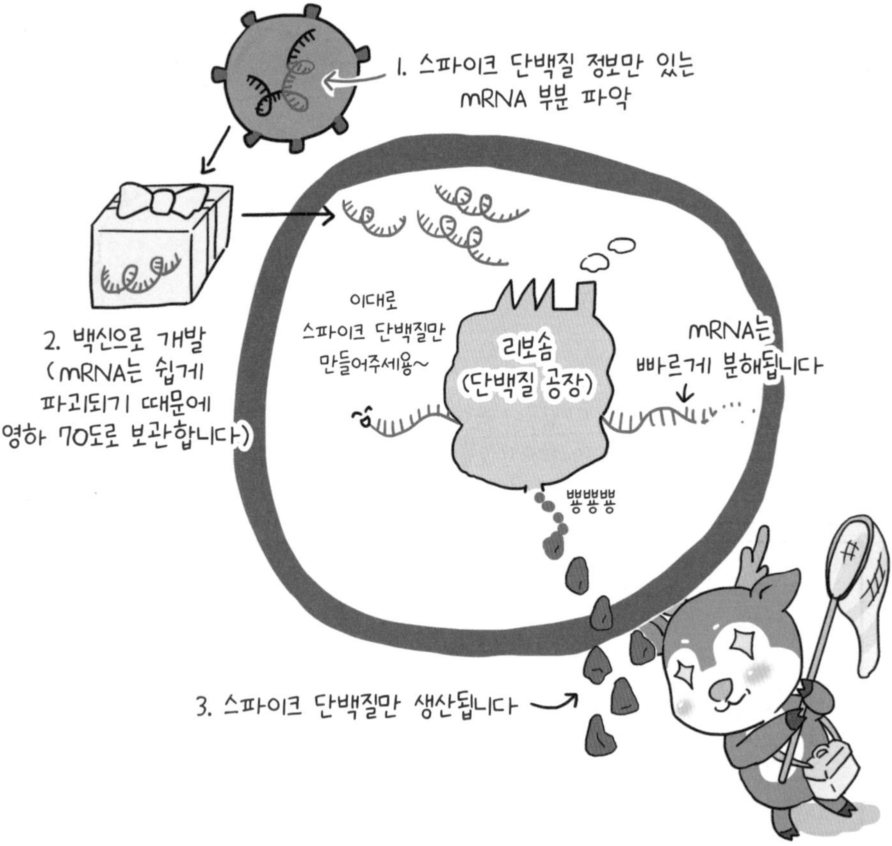

1. 스파이크 단백질 정보만 있는
mRNA 부분 파악

2. 백신으로 개발
(mRNA는 쉽게
파괴되기 때문에
영하 70도로 보관합니다)

이대로
스파이크 단백질만
만들어주세용~

리보솜
(단백질 공장)

mRNA는
빠르게 분해됩니다

뿅뿅뿅

3. 스파이크 단백질만 생산됩니다

1차 접종으로 T, B세포가
항원을 기억하는 데
한 달이 걸립니다.

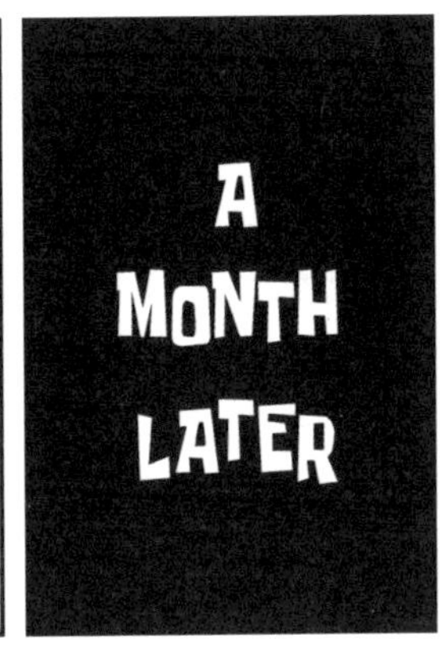
A
MONTH
LATER

그래서 1, 2차 접종 사이에 한 달의 간격을 두는 것입니다.
2차 접종 후에는 1차 때보다 더 많은 항체를 빠르게 만들어낼 수 있습니다.
아는 문제가 나왔다~
전적으로 믿으셔야 합니다
mRNA백신

1, 2차 접종을 완료한다면
실전은 안심해도 되는 것이죠.
늬들 내 누군지 아니?
ㅋㅋㅋㅋㅋㅋ

하지만 이런 백신도 소용없게 만드는 게 있습니다.
바로 코로나 변이 바이러스!!
알파
베타
델타
오미크론

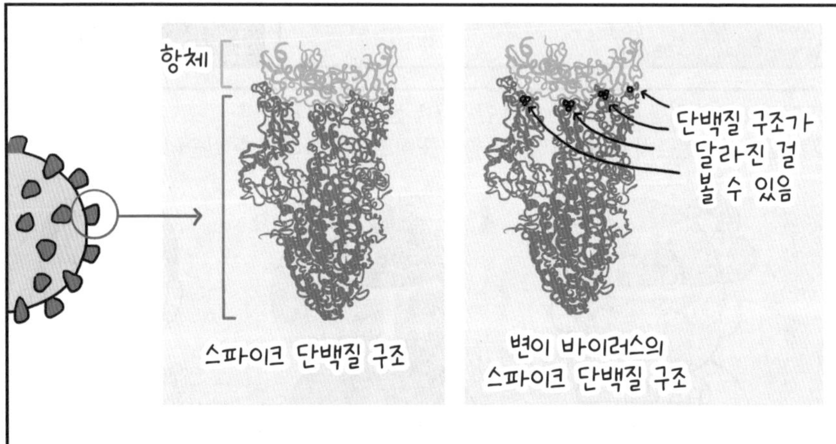
항체
단백질 구조가
달라진 걸
볼 수 있음
스파이크 단백질 구조
변이 바이러스의
스파이크 단백질 구조
변이 바이러스는 스파이크 단백질의 구조도 달라집니다.
이렇게 되면 기존의 항체가 제 역할을 하지 못해 무력화되어 버립니다.

흔들 흔들
게다가 '변이된 스파이크 단백질'은 밑부분이
수용체에 달라붙기 유리하게 되어 있어서
세포 속에 더 잘 들어갈 수 있습니다.
세포막
수용체
삑! 결합 일치!
문이 열립니다!
자꾸 변이도 만들고
세포 침투에도 유리하고
생물이 아닌 바이러스조차
엄청 부지런하게도 사네

이렇게 우리는 백신 접종을 잘 마쳤습니다.

10
혼자서 움직이는 자율주행차는
언제 상용화될까?

자율주행차 시승을 하게 된 미나니 일행
타볼까요~
우와
설레요!

무사히 시승 후 내렸습니다.
차가 조용해서
차를 탄 기분이 안 들어
전기차니까 조용하지
그래서 전기차에는 인위적인
배기음이 나오게 한대
보행자가 오는 차를
알아차리도록 말이야

그래도 너무
안전 운전당한 기분이야.
마네킹이라도 튀어나와서
자율주행차가 드리프트로
피하는 걸 상상했는데….
사고 재연 차량이
아닙니다.

긴장감을 원하면
저 5G 기지국을 보세요.
5G

5G에 문제가 생기면 데이터 처리를 못해 사고가 날 수 있죠.
5G
펑
쾅

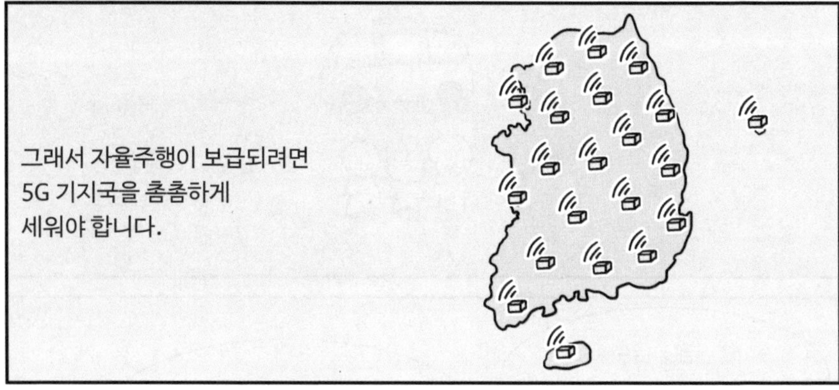
그래서 자율주행이 보급되려면
5G 기지국을 촘촘하게
세워야 합니다.

사람이 차량 카메라를 보면서
무선으로 조종하고 있는 건 아니겠지?
사람이 안에 들어가서
로봇 행세한
보리스 해프닝처럼~
네, 하지만 사람이 아닌
인공지능이죠. 그중에서도
딥러닝 기반의 인공지능입니다.
AI

정해진 도로에서는 미리 코딩한 알고리즘만으로
사람 없이 운전할 수 있습니다.
목적지
무사히 코딩한 대로
목적지 도착

하지만 돌발 상황이 생기면 어떨까요?
이럴 때 딥러닝이 필요합니다.
고라니 난입!

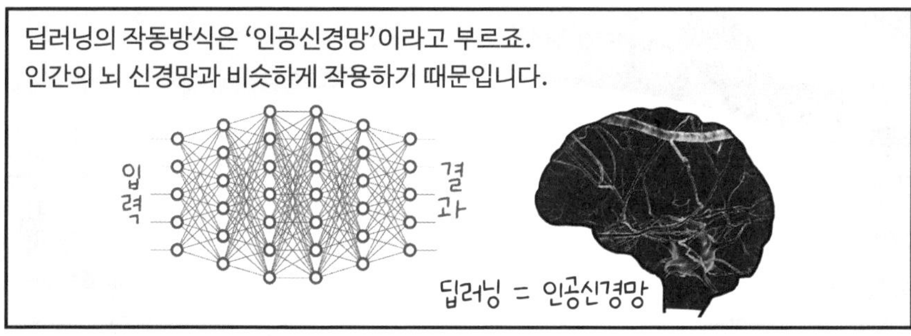
딥러닝의 작동방식은 '인공신경망'이라고 부르죠.
인간의 뇌 신경망과 비슷하게 작용하기 때문입니다.
입력
결과
딥러닝 = 인공신경망

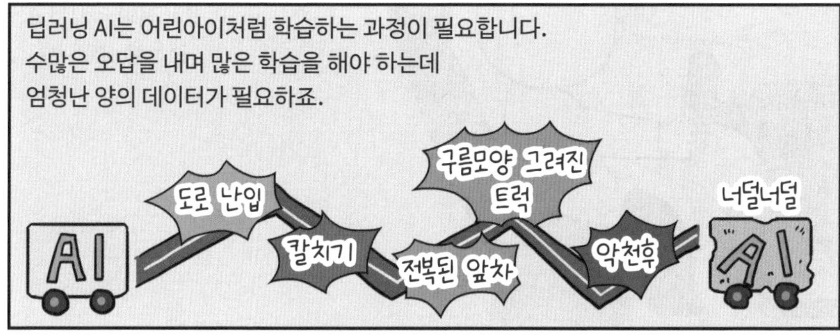
딥러닝 AI는 어린아이처럼 학습하는 과정이 필요합니다.
수많은 오답을 내며 많은 학습을 해야 하는데
엄청난 양의 데이터가 필요하죠.
AI
도로 난입
칼치기
전복된 앞차
구름모양 그려진
트럭
악천후
너덜너덜
AI

일반적으로 자율주행은 0~5단계로 나뉩니다.

0단계
0단계는 지금 우리가 타는 일반적인 차로
자율주행차 취급 안 합니다.

1단계
자동차 속도를 줄이는 기능,
앞차와 안전거리를 유지하고
차선 이탈을 방지하는 기능이
있습니다. 하지만 운전자가 계속
전방 주시하며 핸들을 잡아야 합니다.
자율주행 기능은 없다고 할 수 있죠.

2단계
1단계보다 운전자 보조 기능이 강화됩니다.
센서 인식으로 앞차가 급정거할 때 같이
급정거하고, 출발할 때 따라 출발하죠.
차선에 맞춰 직진이나 커브를 돕니다.
여전히 전방 주시하고
핸들을 잡습니다.

3단계
3단계부터는 자동차 센서가 더 많은 일을 합니다.
사람이 직접 하지 않아도 알아서 감속, 가속, 추월을 하고
사고나 교통 혼잡을 피해서 다른 길로 가기도 합니다.
시스템이 요청할 때는 바로 운전할 수 있어야 합니다.
댓글 좀 볼까

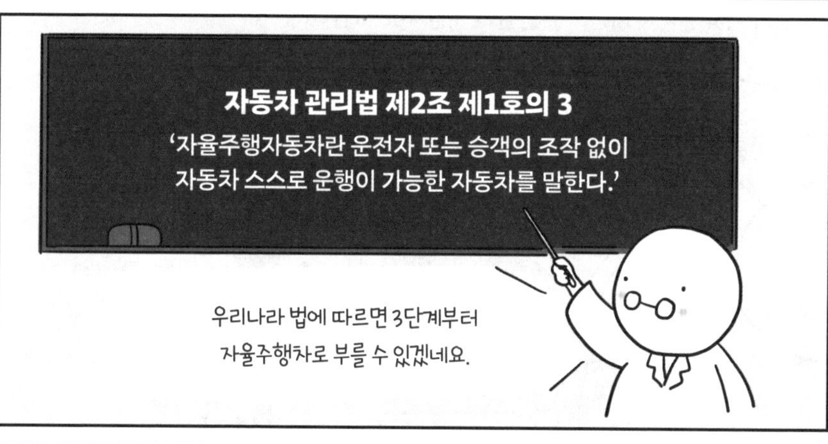
자동차 관리법 제2조 제1호의 3
'자율주행자동차란 운전자 또는 승객의 조작 없이
자동차 스스로 운행이 가능한 자동차를 말한다.'
우리나라 법에 따르면 3단계부터
자율주행차로 부를 수 있겠네요.

현재 상용화된 국산 자율주행차들은
고속도로에서 운전자 개입 없이 잘 달릴 수 있긴 하지만
핸들에서 손을 떼면 경고음이 나옵니다.
그래서 2단계라고 볼 수 있죠.
손가락만 대고 있어도
잘 갑니다

4단계
4단계부터 사람이 직접 할 일은 거의 없습니다.
이때부터 자동차는 움직이는 IT 기계가 됩니다.
Z Z

주변 환경을 인식하고 그래픽 정보로 변환해서 처리하기 때문에
자동차 회사 혼자서 자동차를 만들지 못할 수도 있습니다.
차 수리
언제 돼요?
소프트웨어 문제 같은데
구글 고객센터에
문의해주세요~
자동차 전문가지만
IT는 문외한이라서요

평창올림픽 기간에 문재인 전 대통령이 4단계 자율주행 시스템이 있는
수소차를 시승해 고속도로를 주행하기도 했습니다.
Autonomous Fuel Cell Electric Vehicle
자율주행 수소전기차
자율주행차 개발을
팍팍 밀어주셨네~

마지막으로 궁극의 5단계는 SF에 나오는 자동차죠.
도로뿐만 아니라 비포장도로, 산길도 알아서 갑니다.
더 이상 조종석이 필요 없어지면서 차량 내부는
TV, 냉장고, 게임기 등 편의 시설들로 채워집니다.
짠~
게임 그만하고 밥 먹자~

난 의자도 불편하던데
이렇게 침대형이라서
누워서 가면 좋겠다.
그래도 자동차 속도가 있으니
안전벨트는 해야겠죠.

5단계는 운전면허 없는 싹이도
혼자 탈 수 있죠.
와, 그럼 아빠한테
사달라고 해야겠네요.

아직 레벨5는 더 기다려야죠.
아까 말했듯이 국산 자율주행차는
핸들에서 손을 떼면
경고음이 들리죠.
빨리 타고 싶은데

사실 핸들을
잡지 않는 자율주행 기술은
전부터 사용되고 있죠.
바로·뒤에·있네요
비행기에서 말이죠.
아~

비행기를 타면 적게는 1시간 많게는 수십 시간을 날아갑니다.
그래서 기장이 하루 종일 핸들을 잡고 운전하기는 힘들죠.
사실 이륙, 착륙할 때와 비상사태를 제외하고는
오토파일럿이라 불리는 자율주행 모드로 비행을 합니다.

이 기술을 그대로 자동차에
적용하면 되겠죠?

하지만 지상은 하늘과 환경이 달라서 힘듭니다.
하늘은 광활하고, 지정된 항로로 날아가도록 설정하면 됩니다.
예에~

그에 비해 도로는 너무나 많은 변수가 있죠.

갑자기 도로로 튀어나오는 사람 및 생명체

신호가 바뀔 때

앞뒤 좌우 같이 달리는 자동차들

법이 있으면
불법도 있는 법~

기타 수많은 변수에 대비되어 있어야 합니다.

특히 비가 오거나 눈이 올 때 도로의 차선과 자동차들을
어떻게 인식하고 운전할지도 관건이죠.
으아, 폭설 때문에 다 눈밭이야
여기서 실수하면 나 기사 나지?
AI
그러면서 기술이
느는 거지 뭐

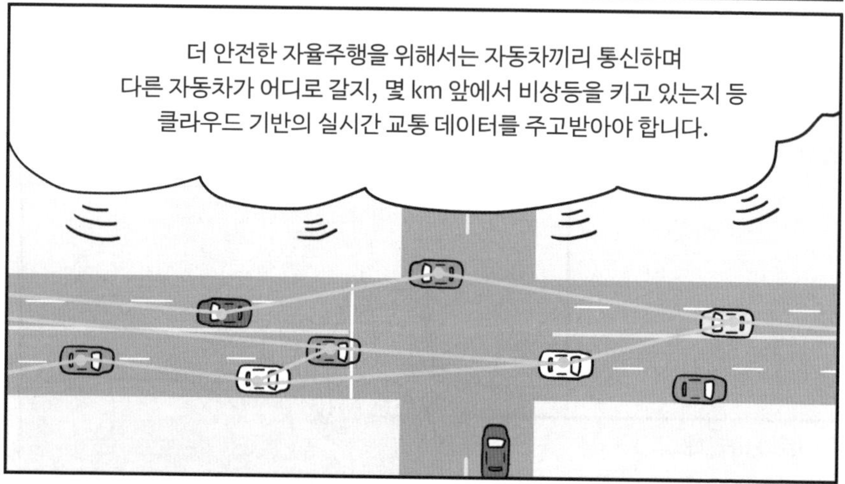
더 안전한 자율주행을 위해서는 자동차끼리 통신하며
다른 자동차가 어디로 갈지, 몇 km 앞에서 비상등을 키고 있는지 등
클라우드 기반의 실시간 교통 데이터를 주고받아야 합니다.

만차인 주차장에서 발견한
소중한 주차 공간 하나!!

ㅋㅋㅋ
아… 밀려오는 허탈감

맞아, 그리고 주차할 때
낚이는 것도 해결해야 해~

아, 그건 자율주행도 낚일 걸?
카메라 센서로 찾을 테니까

한 실험에선 도로 바닥에 사람 형상을 비추었더니 자율주행차가 멈췄습니다.
진짜 사람인지에 대한 학습이 없었기 때문이라고 합니다.
끼익
실제로 앞에 장애물은 없지만
일단 잘한 건가?

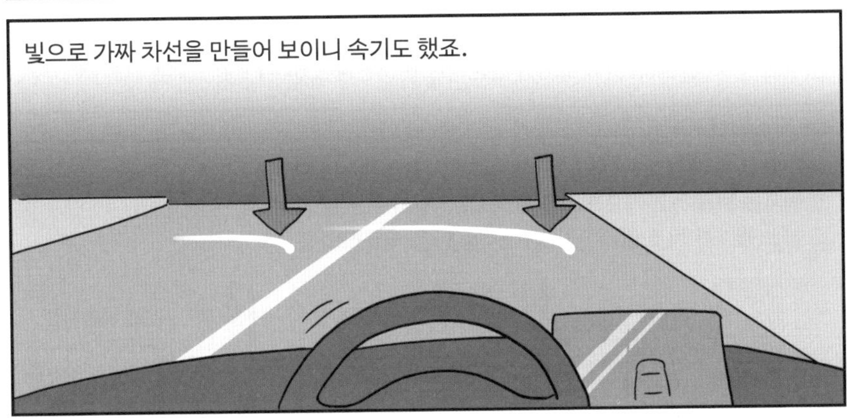
빛으로 가짜 차선을 만들어 보이니 속기도 했죠.

자율주행 중에 하얀색 트럭을 하늘과 구분하지 못해서
충돌 사고가 일어나기도 했습니다.
실제 사고들이 인식 오류로 일어나기 때문에,
자율주행차에는 더 정밀한 인식 장치와 판단 능력 기술이 요구되고 있습니다.

그런데 기술적인 문제 외에도 자율주행 상용화 전에 해결해야 하는 과제가 있습니다. 바로 법적인 문제입니다. 현재는 자율주행 모드에서 사고가 났을 때 운전자의 부주의 때문인지 자동차 제조사의 과실인지 명확하게 구분하기가 힘듭니다.

2018년 미국에서 자율주행 중 사망사고가 발생했을 때는 미연방 교통안전위원회가 운전자 부주의를 원인으로 꼽았습니다.

윤리적인 문제도 있죠. 사고가 예상될 때 자율주행 시스템이 보행자를 보호하고 가드레일을 박을지, 운전자 보호를 위해 그냥 보행자를 치고 갈지 미리 선택지를 만들어야 합니다.

다수를 구하지만
한 명이 죽잖아~

보행자 구하면
내가 죽잖아~
이 차 안 살래!

다수를 구하지만
내가 죽잖아~

데미지를 반반씩
나누면 공평하려나?

사고 날 것 같으면
하늘로 날아가면 안 돼요?

어떻게 해도
누군가 죽는
엄청난 딜레마지

자율주행차가 보행자와 충돌 시 누구부터 살려야 할까?

[1] 아기	[5] 의사♂	[9] 운동선수♂	[13] 비만인♂	[17] 개
[2] 소녀	[6] 의사♀	[10] 경영인♂	[14] 노숙인	[18] 범죄자
[3] 소년	[7] 운동선수♀	[11] 일반성인	[15] 노인♂	[19] 고양이
[4] 임신부	[8] 경영인♀	[12] 비만인♀	[16] 노인♀	

출처 : 네이처

이런 딜레마를 200만 명에게 설문조사 했었죠.

납득이 되면서 묘하게 섬뜩하네.

아… 19번….

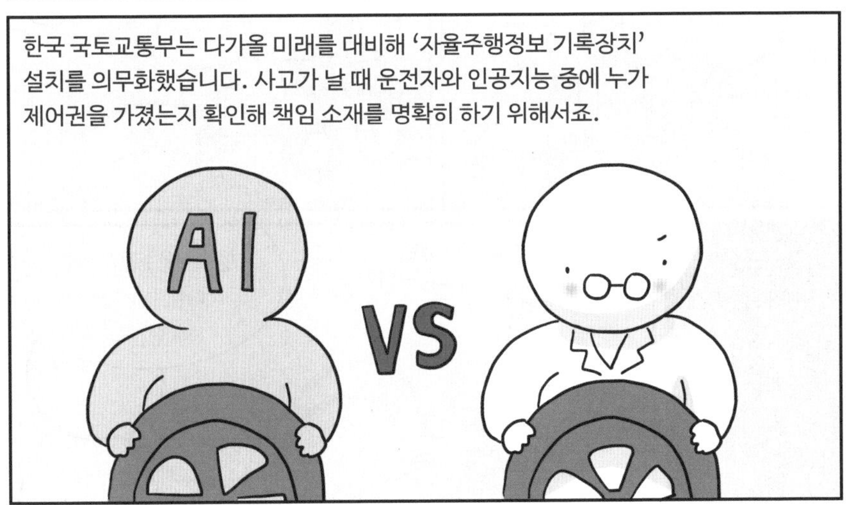

한국 국토교통부는 다가올 미래를 대비해 '자율주행정보 기록장치' 설치를 의무화했습니다. 사고가 날 때 운전자와 인공지능 중에 누가 제어권을 가졌는지 확인해 책임 소재를 명확히 하기 위해서죠.
AI
VS

결국 기술, 법, 윤리적 문제로
상용화가 아직 안 된 거군요….
미나니~
19번이 실망했잖아!
어떻게 좀 해봐~!
네가 더 나빠.

내가 만들어줄게요!

내 통장이 허락한
유일한 자율주행차입니다.
메이커스

조립도 했고, 학습도 시켰으니
주행을 시작해보죠~

왜 출발
안 하지;;
한 대 쳐~
그럼 웬만한 건
다 되던데?

뚝딱 뚝딱
잠시 후
드륵 드륵

와~ 차선 따라 잘 가요.
실제 자율주행 AI와는
다른 걸 쓰지만
꽤 괜찮죠?

실제 자율주행차는 예측모델+분류모델 AI를 모두 사용하고
제가 만든 키트는 분류모델 AI만 사용했습니다.

예측모델은 여러 사건의
인과관계를 학습하고
다른 사건에서 예측하는 방법입니다.
방대한 양의 데이터를
세밀하게 학습시켜야 합니다.

목적지까지 안전하게
알아서 가 봐~

분류모델은 'A=사람, B=나무, C=도로'라는 정보를
하나하나 학습시키고, 실제 현장에서 'A, B, C' 중
가장 적합한 것을 찾아 인식하는 것입니다.

키트 정도라면 분류모델을
사용하는 편이 학습이 쉽고
경제적이죠.

그래 그래,
난 이만 가볼게~
게놈이는
자율주행차가
기대되지 않아?

모시러
왔습니다
난 내 운전기사가
있잖아.
그… 그래…
제일 부럽다.

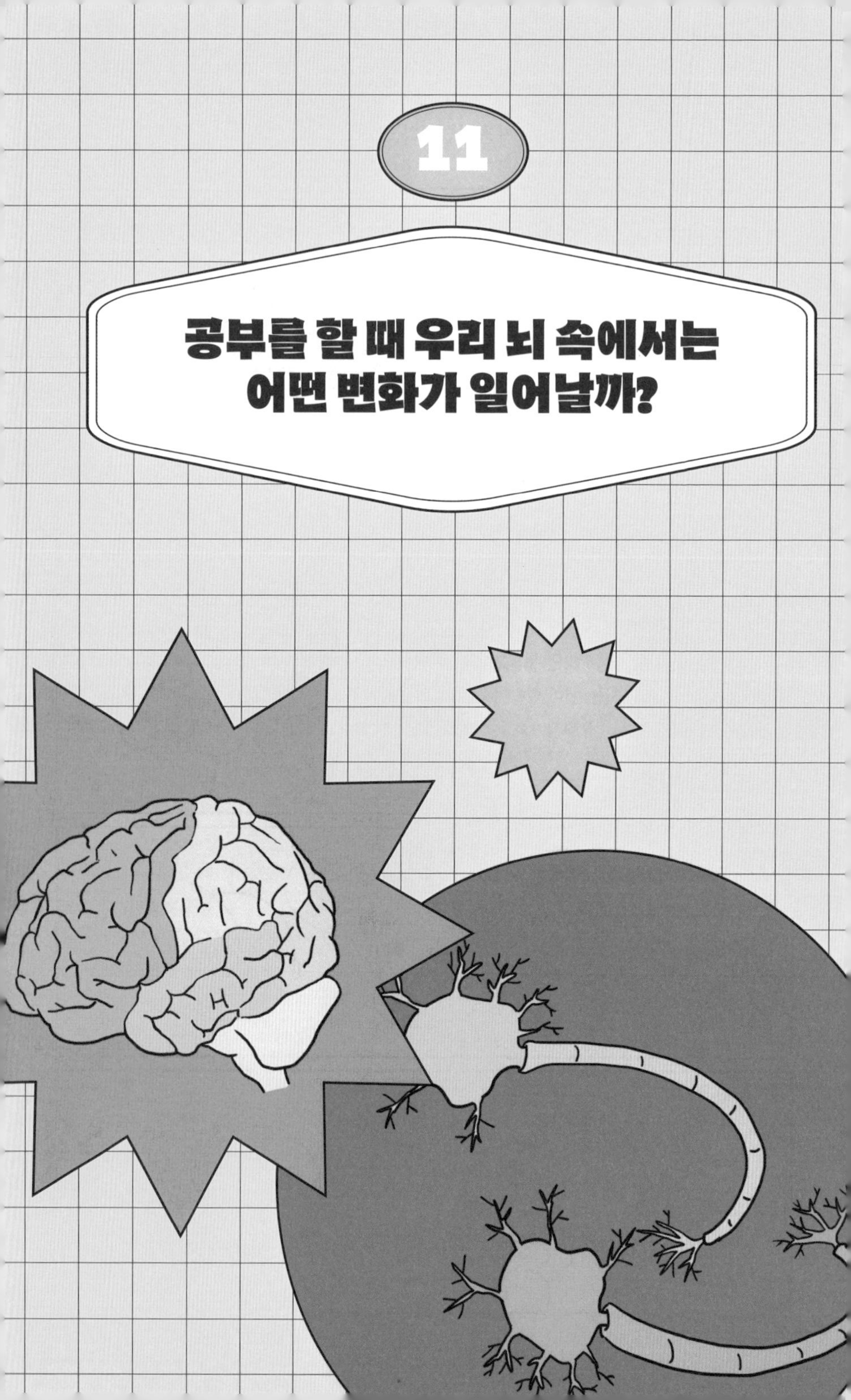
11
공부를 할 때 우리 뇌 속에서는
어떤 변화가 일어날까?

게놈이가
왜 저렇게
우울하죠?
또 소개팅이
망했나 봐요.

다들 집이
없나 봐.
워낙 집값이 비싸니
없는 게 보통이지.

다들 집 도착하면
연락준다더니
연락이 없어….
아….

뇌공학융합연구센터에서 보여줄게요~

오~

문이랑 벽이
왜 이리 두껍죠?
뇌의 전기 신호를
측정해야 하기 때문에
주변의 전기, 자기,
미세소음, 진동도
막아야 하거든요.

정전기 방지패드에
손을 찍어 주세요.

스르륵

여기 있는
정위법 실험 장치로
뇌에 전극을 고정시켜
연구할 수 있습니다.

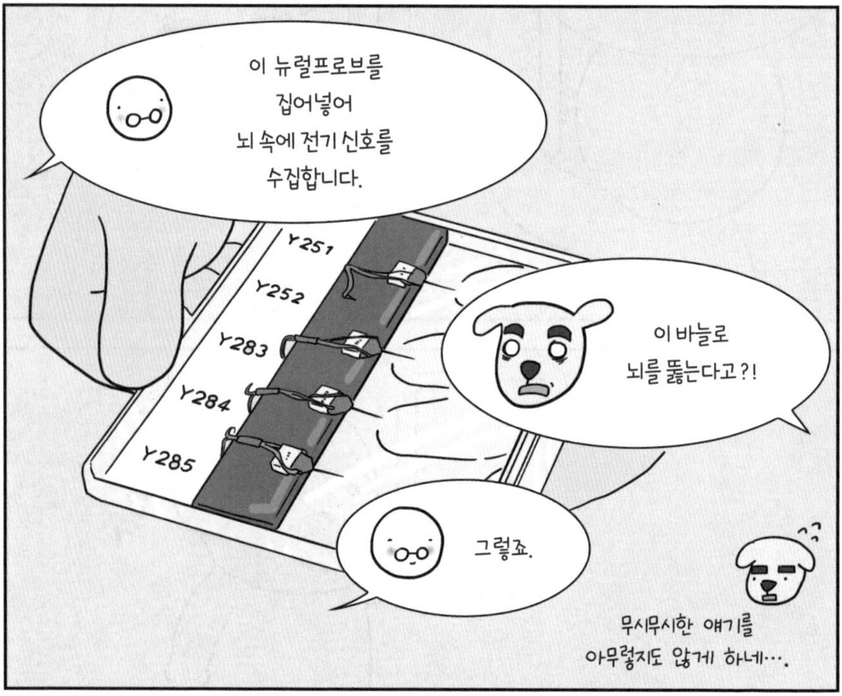

이 뉴럴프로브를
집어넣어
뇌 속에 전기 신호를
수집합니다.

Y251
Y252
Y283
Y284
Y285

이 바늘로
뇌를 뚫는다고?!

그렇죠.

무시무시한 얘기를
아무렇지도 않게 하네….

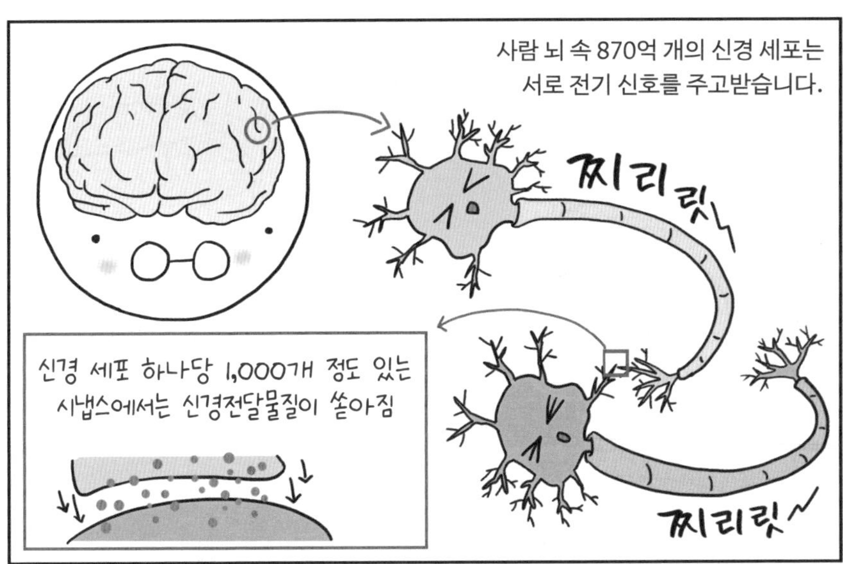
사람 뇌 속 870억 개의 신경 세포는
서로 전기 신호를 주고받습니다.
찌리릿
신경 세포 하나당 1,000개 정도 있는
시냅스에서는 신경전달물질이 쏟아짐
찌리릿

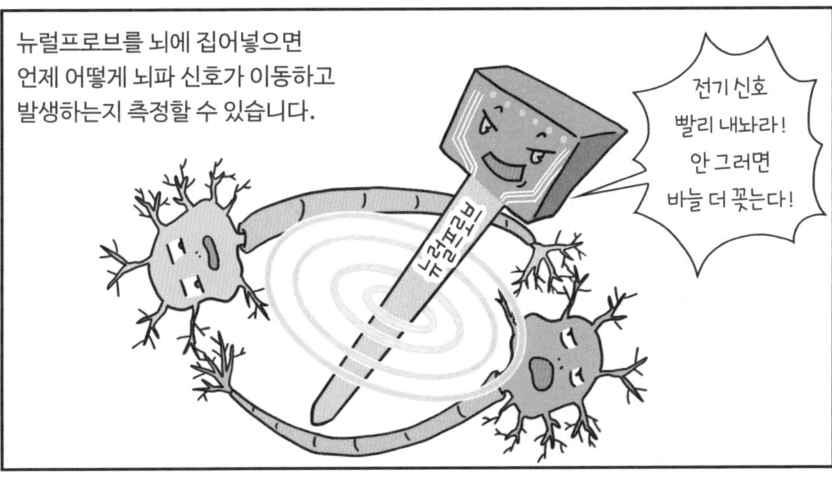
뉴럴프로브를 뇌에 집어넣으면
언제 어떻게 뇌파 신호가 이동하고
발생하는지 측정할 수 있습니다.
전기 신호
빨리 내놔라!
안 그러면
바늘 더 꽂는다!
뉴럴프로브

센서를 삽입하면 신경전달물질 농도도 측정할 수 있죠.
신경전달물질 중
하나인 도파민
내가 많이 분비되면 성취감을 느끼고
부족하면 집중력이 저하되기도 해요.

괜히 내 뇌가
아프려고 해,
안 뚫는 건 없어?
뇌전도 센서를
머리에 써도 되는데,
침습형보다 정확도는
떨어집니다.
일론 머스크가 설립한 '뉴럴링크'에서는
침습형 전극을 뇌에 넣어 실험합니다.
정확한 측정이 가능하니까요.
AI가 인간보다 똑똑해지면
인간은 애완 고양이가 될 텐데
이를 막기 위해 뇌칩을 넣겠습니다!
고양이가
어때서요
그래도 난 센서!
그래

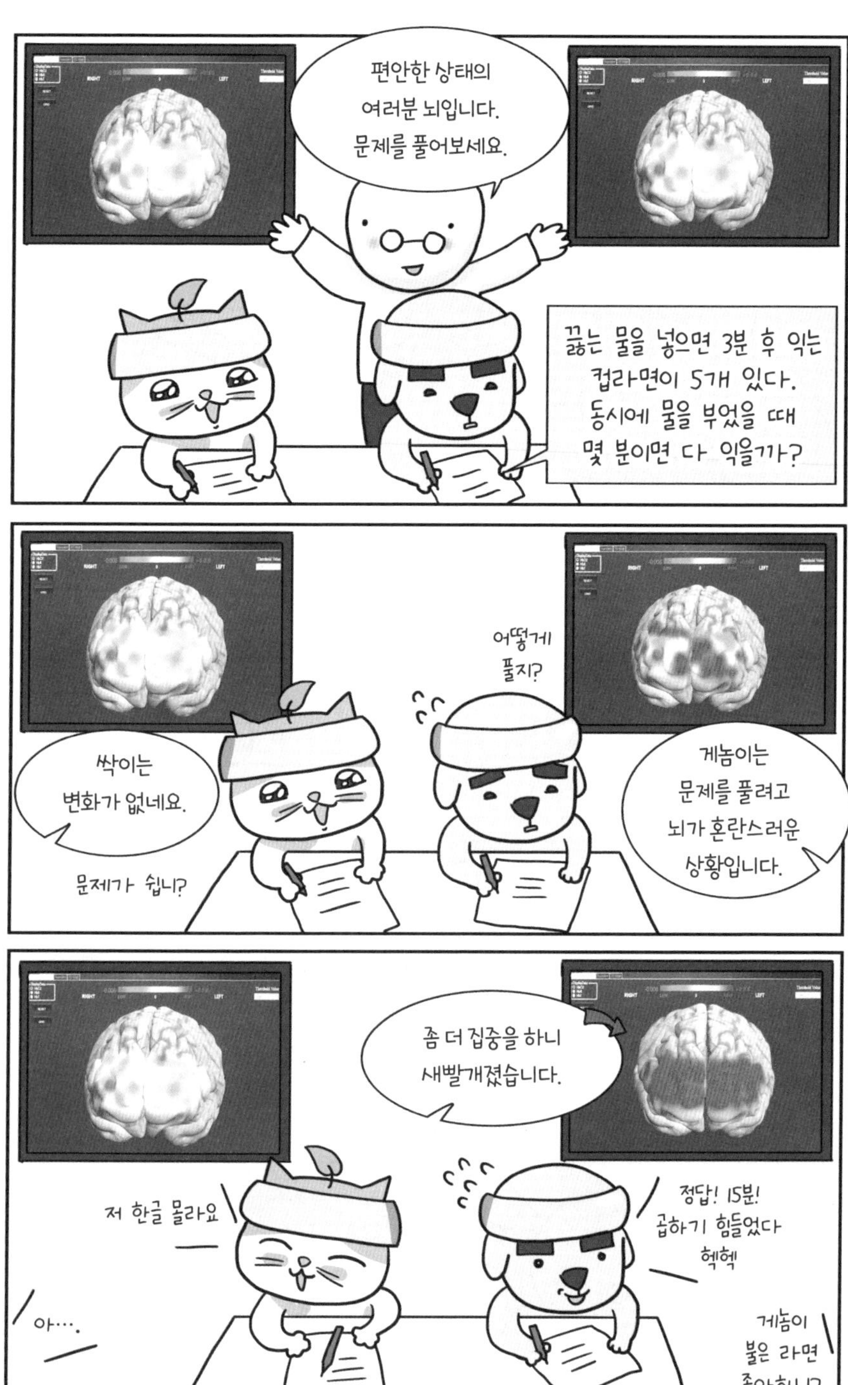
편안한 상태의
여러분 뇌입니다.
문제를 풀어보세요.
끓는 물을 넣으면 3분 후 익는
컵라면이 5개 있다.
동시에 물을 부었을 때
몇 분이면 다 익을까?
싹이는
변화가 없네요.
문제가 쉽니?
어떻게
풀지?
게놈이는
문제를 풀려고
뇌가 혼란스러운
상황입니다.
좀 더 집중을 하니
새빨개졌습니다.
저 한글 몰라요
아….
정답! 15분!
곱하기 힘들었다
헉헉
게놈이
불은 라면
좋아하니?

인성, 성격, 언어, 논리, 기억 등
사고 기능을 담당하는
뇌 앞쪽 전두엽

문제를 풀려고 집중하다 보니
혈류량이 뇌로 급격히 모여서
빨갛게 보이는 것입니다.

좌아아

혈

액

더 많은 영양과 산소를 줄게
어서 문제를 풀어!!!

우리가 재밌거나 신기하거나
아름다운 것을 보았을 때
시각 신경 세포는 하나의
강력한 신호를 뇌로 보냅니다.
우리 소개팅 실험을
도와주실 다롱 씨야

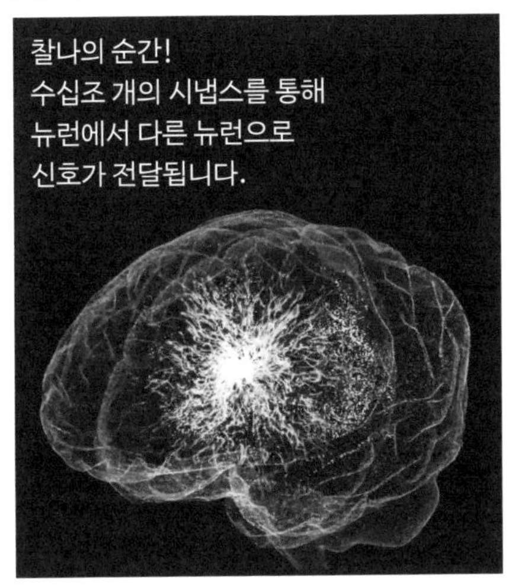
찰나의 순간!
수십조 개의 시냅스를 통해
뉴런에서 다른 뉴런으로
신호가 전달됩니다.

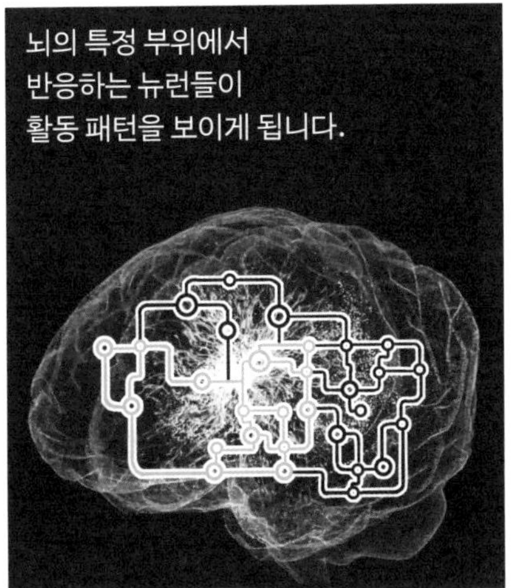
뇌의 특정 부위에서
반응하는 뉴런들이
활동 패턴을 보이게 됩니다.

그 패턴에 의해
우리는 생각하거나
움직이거나 말을 합니다.
와~

지금까지의 뇌 연구는 아래와 같이
뇌의 부위별 담당을 큰 틀로써 이해하고 있습니다.

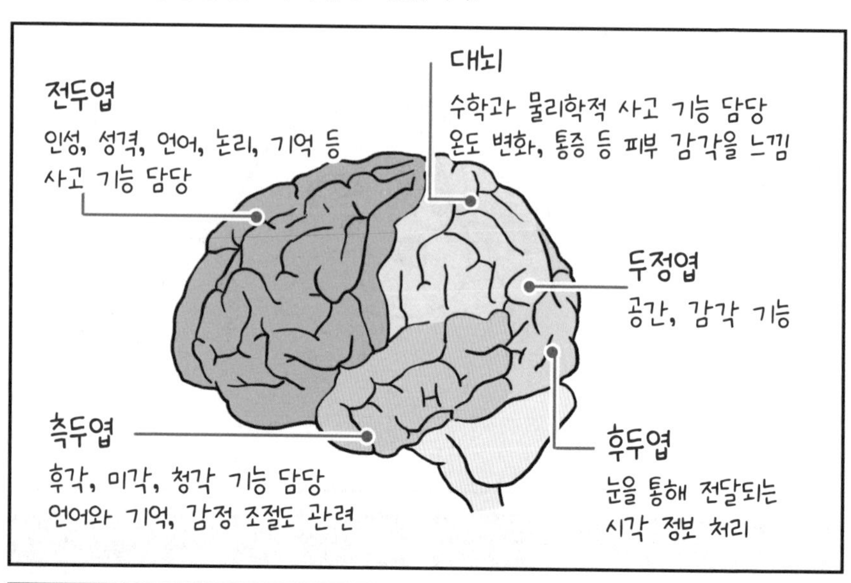
전두엽
인성, 성격, 언어, 논리, 기억 등
사고 기능 담당
대뇌
수학과 물리학적 사고 기능 담당
온도 변화, 통증 등 피부 감각을 느낌
두정엽
공간, 감각 기능
측두엽
후각, 미각, 청각 기능 담당
언어와 기억, 감정 조절도 관련
후두엽
눈을 통해 전달되는
시각 정보 처리
H

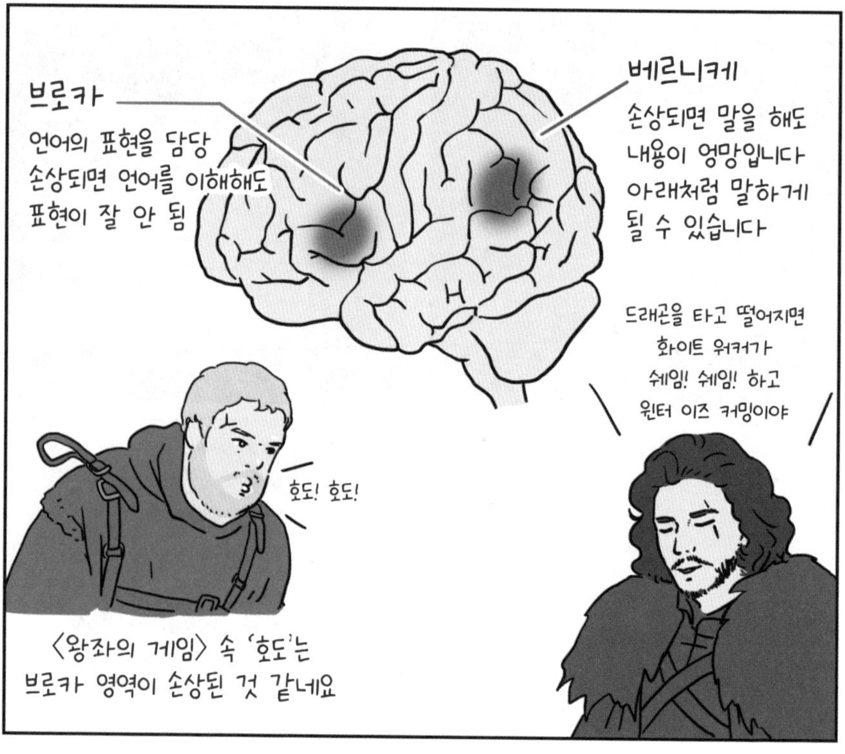

브로카
언어의 표현을 담당
손상되면 언어를 이해해도
표현이 잘 안 됨

베르니케
손상되면 말을 해도
내용이 엉망입니다
아래처럼 말하게
될 수 있습니다

H

호도! 호도!

드래곤을 타고 떨어지면
화이트 워커가
쉐임! 쉐임! 하고
윈터 이즈 커밍이야

〈왕좌의 게임〉 속 '호도'는
브로카 영역이 손상된 것 같네요

만약 우리가 활동할 때 뇌의 어떤 위치가 활성화되는지,
활성화된 부분이 어떤 감각 기관과 연결되는지를
정확히 이해하게 된다면 여러 사람을 도울 수 있습니다.

뇌 신호를 데이터화 해서 컴퓨터, 로봇에 연결하면
장애를 가진 이들에게 도움이 될 수도 있습니다.

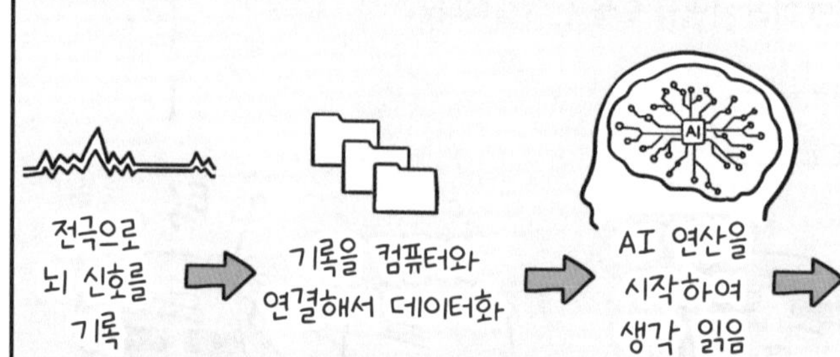
AI
전극으로 뇌 신호를 기록
기록을 컴퓨터와 연결해서 데이터화
AI 연산을 시작하여 생각 읽음
로봇에 연결하면 로봇이 그 생각을 실행함

2012년 사지마비 환자가 뇌파로 로봇 팔을 조종해서 음료수를 마심

← Tweet

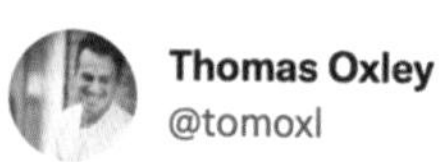
Thomas Oxley
@tomoxl

...

hello, world! Short tweet. Monumental progress.

9:00 AM · Dec 23, 2021 · Twitter Web App

BCI 기술을 개발하는 회사 ceo의 트위터에는
루게릭병을 가진 필립 오키프 씨가 '생각'만으로 쓴 글이 올라옴

이런 BCI 기술이 발전하면
영화 〈아바타〉처럼 자신을 대신할
아바타를 가질 수도 있겠죠?

※ BCI: Brain Computer Interface

또 뇌파만으로 게임을 즐길 수도 있습니다.
뇌파를 집중시켜야 게임 진행이 되기 때문에 ADHD 같은 증상을 개선하는 데 활용되기도 합니다.

뉴럴링크에서 공개한
뇌파로 마인드 핑퐁 게임을
하는 원숭이

국립과천과학관에서도
뇌파로 하는 게임을 체험할 수 있음

오! 완전 세계를 뒤집어 놓을 기술들이다.
진짜! 최고의 과학! 화이팅!
내 소개팅은 도대체 언제 시작할 거야?!
…그래.
소개팅 시작하자!

오, 내 생각을 읽은 거야?
다롱 씨~
네~

갑자기 너무 떨려,
무슨 말을 하지?
콩닥 콩닥
상대방의 말과 연관된 질문을 하면
계속 대화를 이어갈 수 있어.
이런 식으로~
와~ 이거 내가
좋아하는 건데
좋아해?

오, 그렇군!!
렛츠 고~
화이팅~

뇌 센서를 쓰니
조금 불편하네요.
불편해?

아! 말 놓는 게 편하면
말 놓아요.
말을 놔?

나 살짝
무서우려고 해.
무서워?

그냥
다음에 봐.
즐거웠어.
즐거워?
벌떡

다롱 씨가 즐거웠대~
뇌도 편안하고
즐거웠겠지?
너라는 문제를
풀기 위해
많이 애쓰셨는걸.
화산폭발
보는 것 같아요

나 망한 거야?
너는 안 망했어요
소개팅만 망했어요

12
오줌을 끝까지 참으면
어떻게 될까?

우주로 가기 위해 준비하는 NASA 우주비행사가 있습니다.
우주복 안에 넣을 자신의 소변기 사이즈를 고르고 있죠.
흐음
소
중
대

어이! 이쪽은 볼 생각도 말라고!
자존심
이 사이즈로 달아 주세요.
소
중
대

드디어 출발 당일 우주선 안에서
그… 그게 내 사이즈인데 긴장해서 그런가
생각보다 소변기 사이즈가 큰 걸 알아 버렸습니다….

멘붕~
아무리 생각해도
지금 오줌 싸면…
샌다!!!!
그래서 마이크 멀레인 씨는 그냥 소변을 참았다고 합니다.

한편 지구에서는
부르르
아이언맨~
화장실은 어떻게
가요?
지금!
이렇게요!!

이렇게 우주복처럼 간이 화장실 시스템이 있다면 다행이지만,
저격수 같은 경우는 은폐한 자리에서 그대로 해결해야 합니다.
바닥이 왜 점점
따뜻해지지?
미안….

모두 소변을 참은
경험이 있지?
전 수업 시간에
오줌 마려워서
다리를 꼬았어요.
나는

휴가철에 정체된
도로에서 신호가 왔었어.
휴게소까지 못 참을 정도로
정신이 혼미해지더라.

다 마신 페트병이
사회적 죽음으로부터
날 살렸지.
하
졸졸
정말
다행이었네요~

페트병을 쥔 손이 엄청
따뜻해지던데? 그때 깨달았지!
이렇게 뜨끈한 게 몸 밖으로
빠져나가니 몸이 춥다고 부르르
떨리는구나 하고 말야.

아. 그렇게까지
자세히 알고 싶지는….
당장 그거 버리고 와

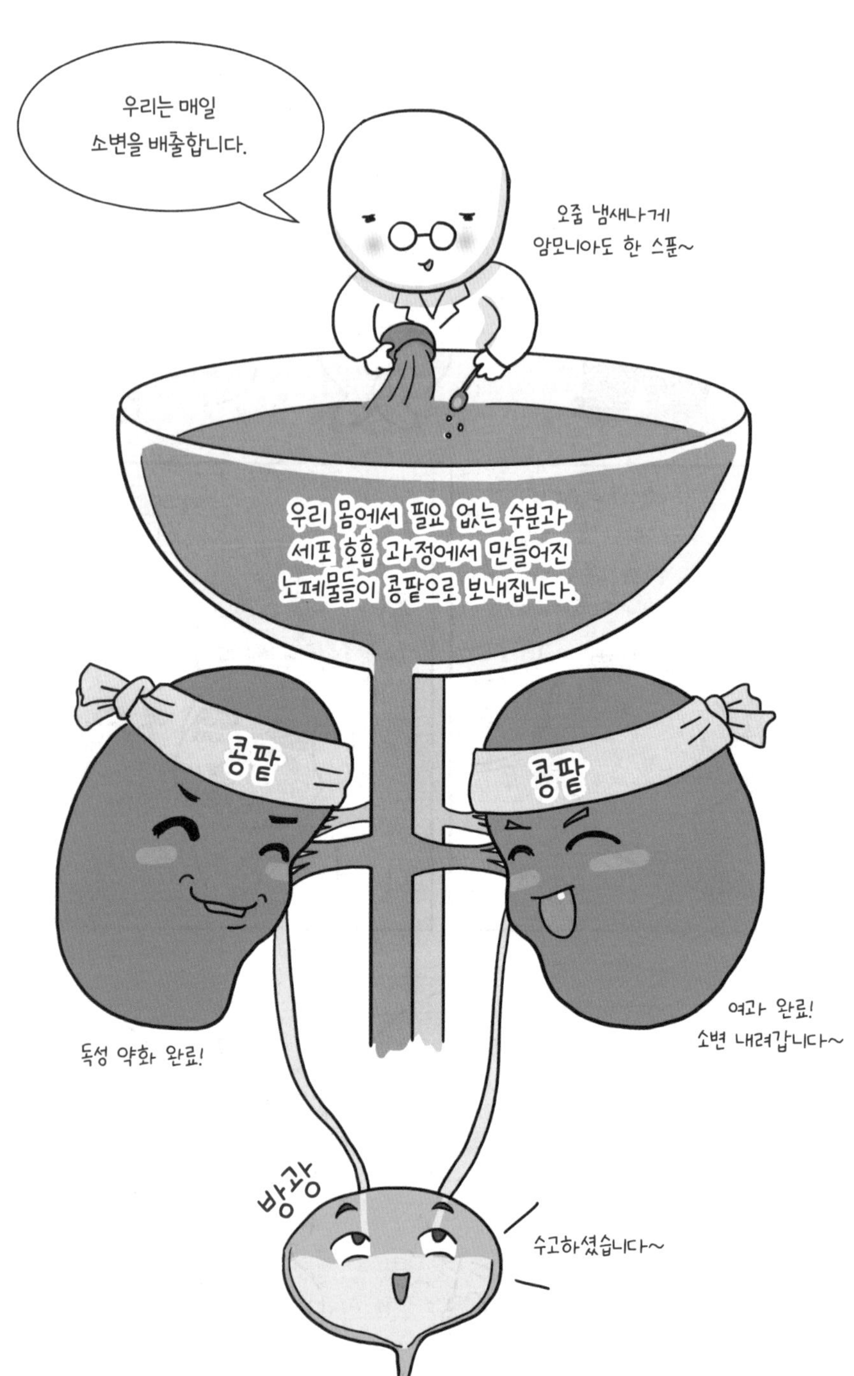
우리는 매일
소변을 배출합니다.
오줌 냄새나게
암모니아도 한 스푼~
우리 몸에서 필요 없는 수분과
세포 호흡 과정에서 만들어진
노폐물들이 콩팥으로 보내집니다.
콩팥
콩팥
여과 완료!
소변 내려갑니다~
독성 약화 완료!
방광
수고하셨습니다~

꽁꽁
만약 강제로
오줌을 끝까지 참으면
어떻게 될까요?

방광은 평균적으로 일반 컵 1~2잔 정도의 소변을 담을 수 있습니다.

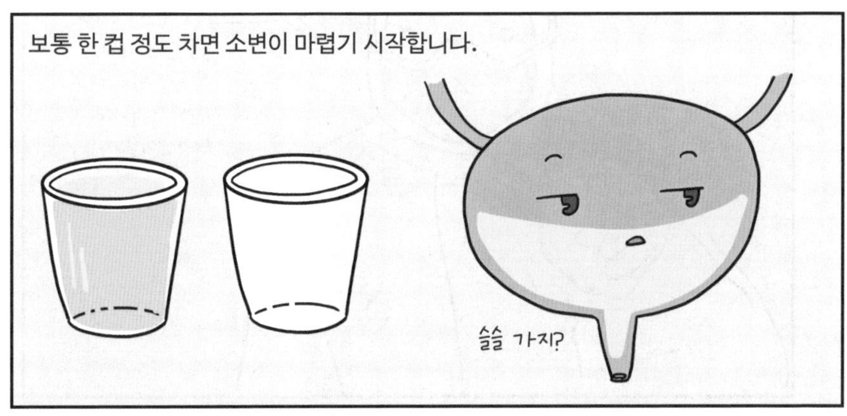
보통 한 컵 정도 차면 소변이 마렵기 시작합니다.
슬슬 가지?

한 연구에 따르면 업무상 이유로 화장실에 자주 못 가는 직업 종사자들의 방광은 오줌을 더 많이 담아둘 수 있다고 합니다.

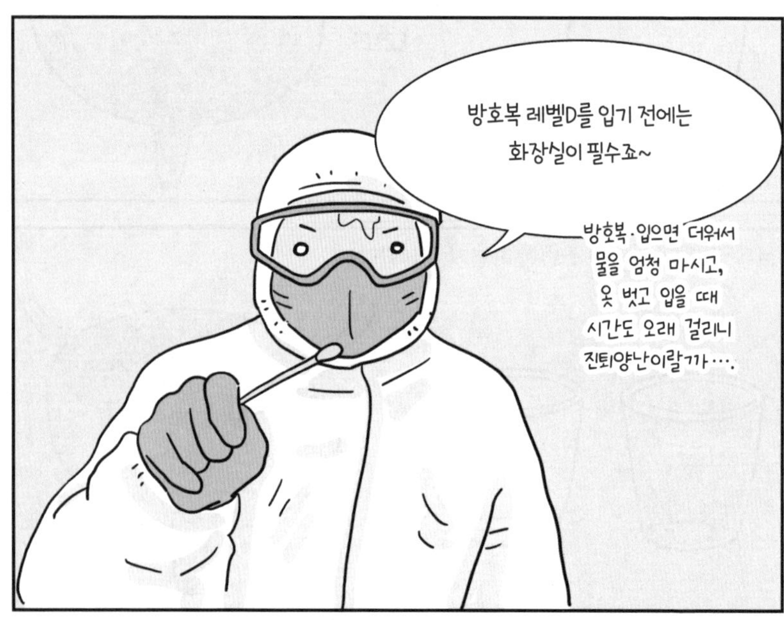

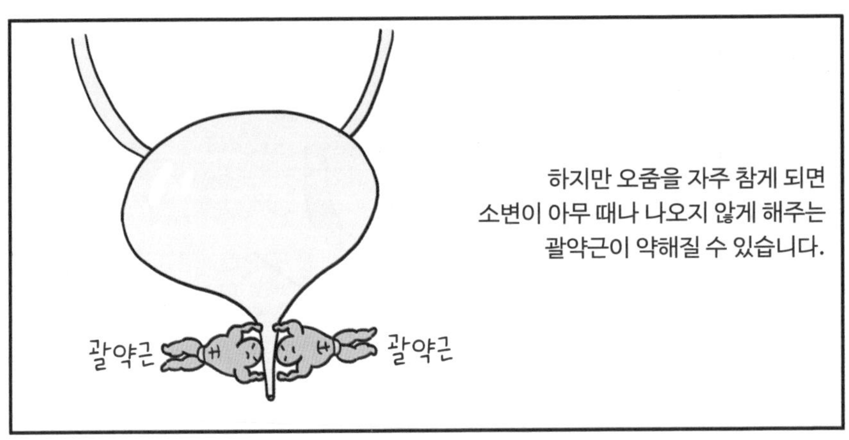
하지만 오줌을 자주 참게 되면
소변이 아무 때나 나오지 않게 해주는
괄약근이 약해질 수 있습니다.
괄약근
괄약근

여기 나쁜 개가
있다고 해서 왔는데~

공포에 질리거나 극한의 고통 속에서
오줌을 지릴 때가 있습니다.
괄약근이 풀려서 의지와 상관없이
흘러내리는 것이죠.

괄약근이 약해지면 소변을 배출해도 잔뇨가 남을 수 있습니다.
그러면 자주 화장실을 가고 싶어지죠.

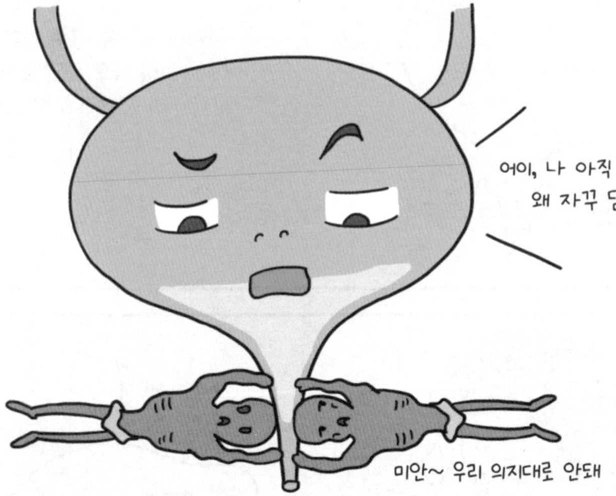

어이, 나 아직 남았는데
왜 자꾸 닫혀~

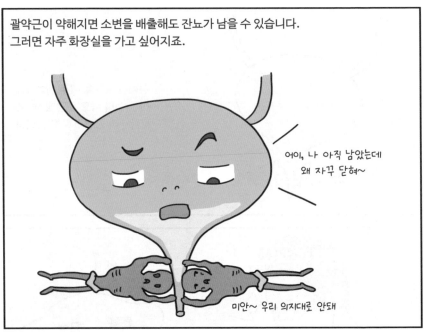

미안~ 우리 의지대로 안돼

만약 소변을 끝까지 참으면, 콩팥으로 소변이 넘어갈 수도 있습니다.

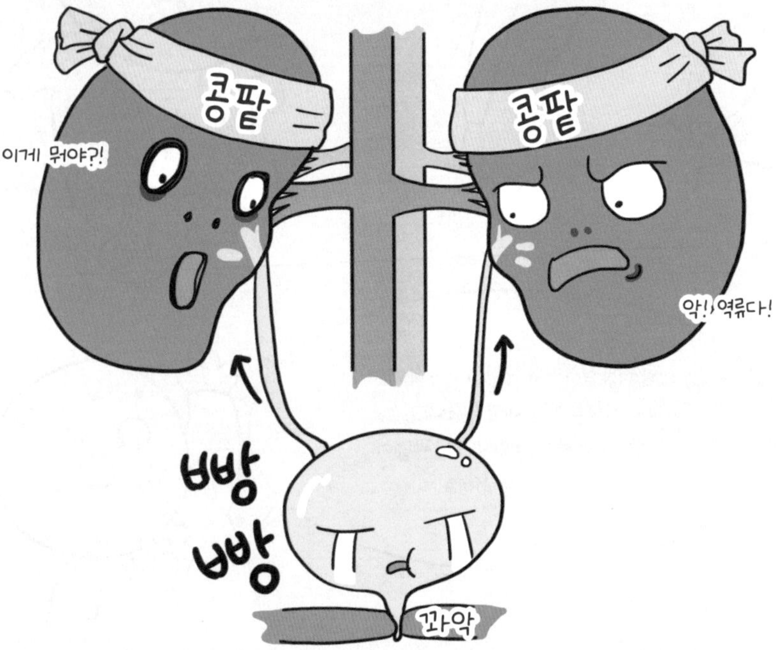

콩팥

콩팥

이게 뭐야?!

악! 역류다!

빵빵

꽈악

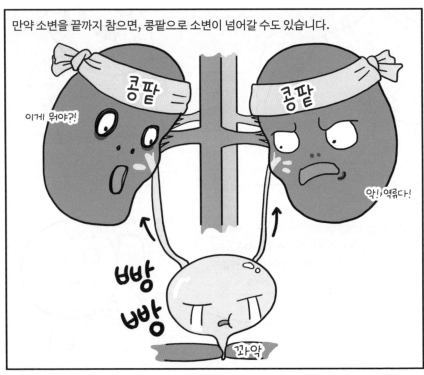

방광은 요도와 근접하기 때문에
바이러스나 세균이 있을 수 있죠.

정말 콩팥으로 오줌이 다시 넘어가게 되면 콩팥이 감염되고,
그러다 노폐물을 걸러주는 기능이 작동하지 않는
'신부전증'이 발생할 수도 있습니다.

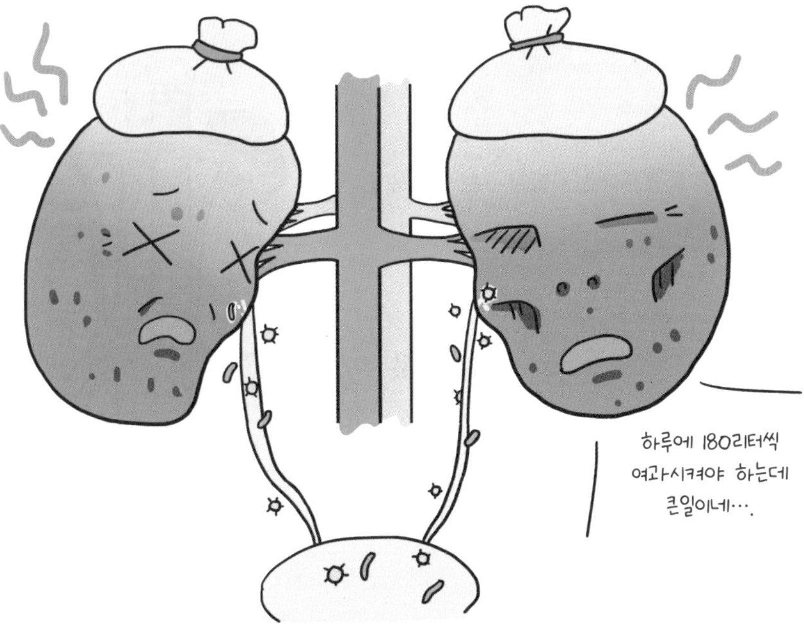
하루에 180리터씩
여과시켜야 하는데
큰일이네….

인체의 정수기 기능을 하는 콩팥이 망가지면
병원에서 투석기를 달아야 합니다.

심하면 콩팥 이식 수술을 받아야 하고,
그마저 어려울 경우에는 사망할 수도 있습니다.

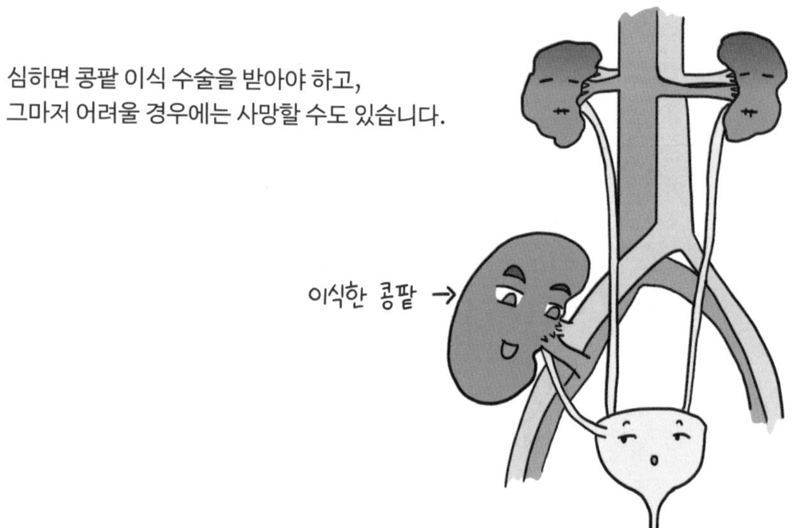

1601년, 덴마크의 천문학자 튀코 브라헤는 만찬에 초대받았습니다.
남작님, 초대해주셔서 감사합니다.
마렵다….

안색이 안 좋으신데요?
아… 아닙니다.
지금 싸러 가면 예의가 아니야. 참아야 해!

소변을 너무 오래 참았던 브라헤는
며칠 뒤 급성 신장염으로 사망했다고 합니다.
1546. 12. 14
~
1601. 10. 24

보통 의지만으로 참기 힘들기에 결국은 근육이 풀려 배출됩니다.
오줌을 참아야 할 경우가 있다면 미리 대비라도 합시다.
장시간 이어지는 중역 회의 전 기저귀를 차는 주인공들 -영화 <베테랑> 중

미처 대비를 못 하고
끝까지 참아야 했던
분을 모셨습니다.
음성 변조도
해주세요

처음에는 화장실에 가고 싶어요.
대변은 시간이 지나면 고요해지는데
소변은 그런 게 없어요.
연속 공격이랄까
아다다다다다

이가 간지러워지는데
꽉 물면 시원해져요.

점점 허리가 아파요.

계속 이런 상태들이
복합적으로 쌓여요.
허리 아픔
간지러운 이
마려움
튼튼한 괄약근 덕분에
끝까지 참아 내셨군요.

어려운 인터뷰
감사드립니다.
답례로 제가 한 프로에서
테스트했던 기저귀입니다.
2리터까지 흡수한대요.

오줌 참기 별거 아닌데?
난 6개월 동안
한 번도 안 쌌어.
홱
뭐라고?!

두
자는데
시끄러우니까
저리 가렴~
둥

네, 곰처럼
겨울잠을 자는 동물들은
겨울잠 기간 동안
오줌을 거의 안 쌉니다.
ZZZ
오줌 안 싸는 동물도 신기하고
오줌을 언제 싸는지 지켜봤던
과학자들도 신기한걸?

당신의 콩팥이 좋아요를 누릅니다.

상상해볼까?
지구에서부터
SPACEX

IV
NASA
우주
저 멀리까지!

13

만약 지구의 자전 속도가 2배 빨라진다면?

지구는 자전을 합니다.
빙글
빙글

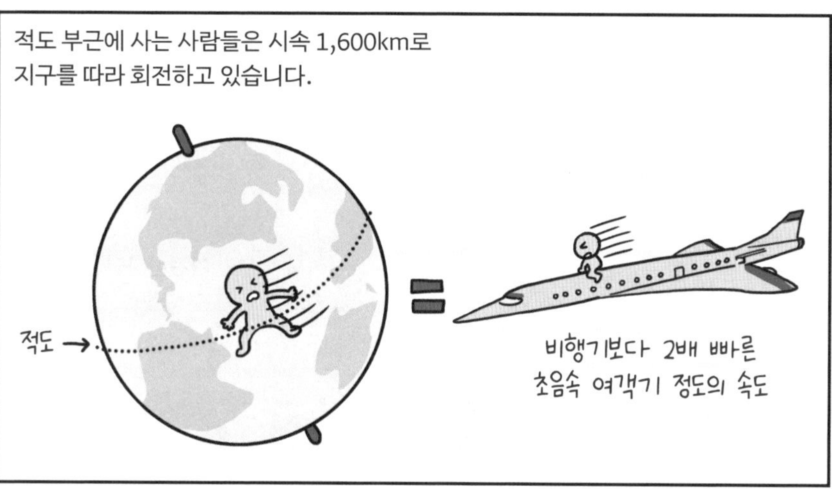
적도 부근에 사는 사람들은 시속 1,600km로
지구를 따라 회전하고 있습니다.
적도
비행기보다 2배 빠른
초음속 여객기 정도의 속도

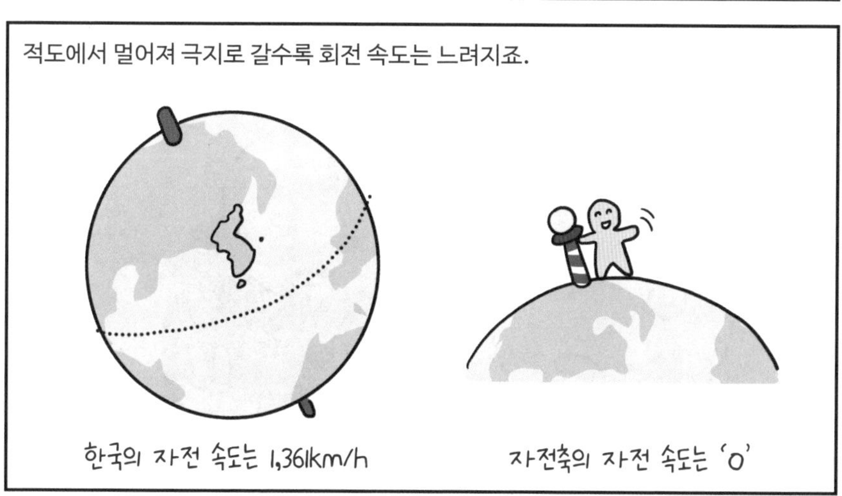
적도에서 멀어져 극지로 갈수록 회전 속도는 느려지죠.
한국의 자전 속도는 1,361km/h
자전축의 자전 속도는 '0'

그러나 우리는 지구 어디에 있든 자전 속도를 느끼지 못합니다.
Zz
달리는 열차 안에서 밖을 보지 않으면 속도를 느끼지 못하는 것처럼
우리가 자전하는 지구 위에 있기 때문입니다.

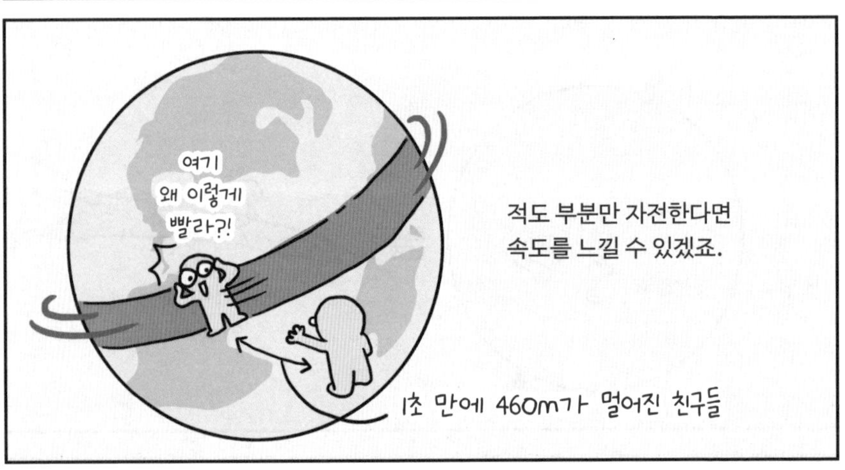
여기
왜 이렇게
빨라?!
적도 부분만 자전한다면
속도를 느낄 수 있겠죠.
1초 만에 460m가 멀어진 친구들

그렇다면 지구의 자전 속도가 2배 빠르다면 느낄 수 있을까요?
돌아라~

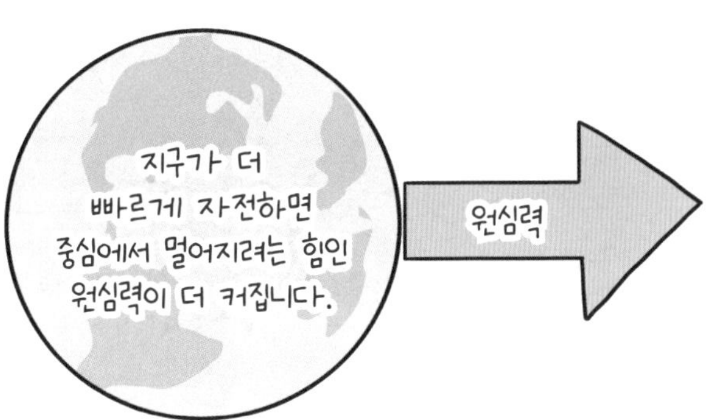
지구가 더
빠르게 자전하면
중심에서 멀어지려는 힘인
원심력이 더 커집니다.
원심력

땅 위에 있는 우리도 원심력 때문에
갑자기 속도가 빨라지면
일시적으로 몸이 떠오릅니다.

텁!!
중력

물론 중력이 더 강하기 때문에
하늘로 날아가지는 않습니다.

체중이 약간 감소할 뿐이죠.

오~
다이어트 효과~
좋아하기에는
몸매가 그대로인걸?

하루의 밤낮이 바뀌는 이유는 지구가 자전하기 때문입니다.
태양은 왜 동쪽에서 뜨고 서쪽으로 질까?
내가 움직이는 게 아니라 네가 서쪽에서 동쪽으로 이동하는 거지~

그러니 지금보다 2배 더 빨리 자전하면, 밤낮이 바뀌는 시간도 2배 빨라질 것입니다.
해가 2번 뜨네
네가 2배 빠른 거라고~

그리고 하루의 길이는 12시간이 되겠죠.
밤에 8시간 푹 자고 일어나면 다시 밤인 상황

24시간 체계에 적응되어 있는 인간과 동물들은
하루빨리 12시간 체계에 적응하든지

아니면 그냥 지금처럼 살지 결정해야겠네요.

적도에서의 자전 속도는 지금의 2배인 시속 3,200km가 됩니다.
극지방으로 갈수록 상대적인 회전 속도 변화 차이가 크지 않죠.

적도의 원심력이 강해지면서
북극과 남극 주위에 있던
바닷물이 적도로 몰립니다.

쌀을 씻을 때 휘저으면
원심력 때문에
가장자리 수위가 높아지는 걸
쉽게 확인할 수 있죠.

결국 히말라야 같은 높은 산을 제외하면
적도 주변 땅은 모두 바다에 잠깁니다.

문제는 바닷물만 모이는 게 아니라
원심력 때문에 주변 땅도 적도로 몰리게 됩니다.

지각판들이 적도로 이동하면서
지구 곳곳에 거대한 지진들이 발생합니다.
빨리 책상 밑으로 숨어야 하는데
책상 주문 좀 할게요!!
쩌어어억~!!

다~ 죽는 것입니다!!
여섯 끼니를 먹거나 몸무게 덜 나가서
좋아할 게 아니라, 전 지구적 재난인데?

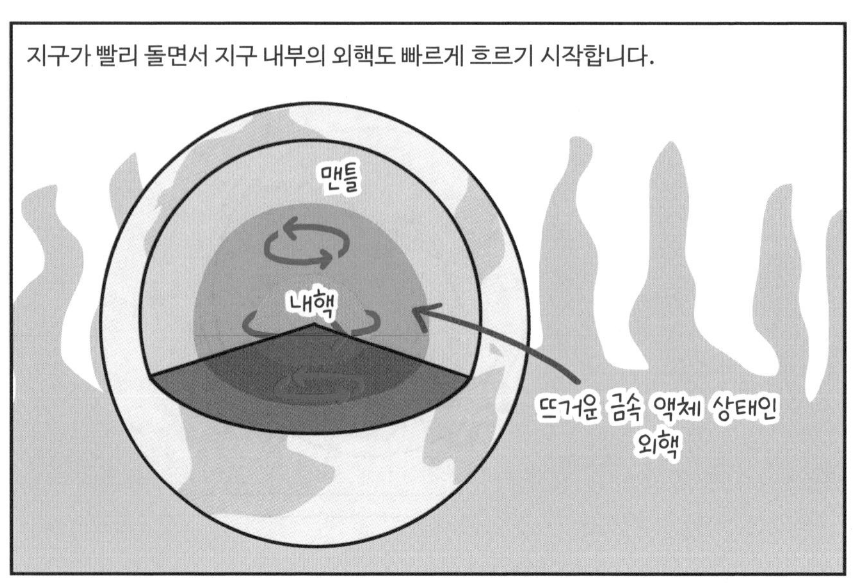
지구가 빨리 돌면서 지구 내부의 외핵도 빠르게 흐르기 시작합니다.
맨틀
내핵
뜨거운 금속 액체 상태인
외핵

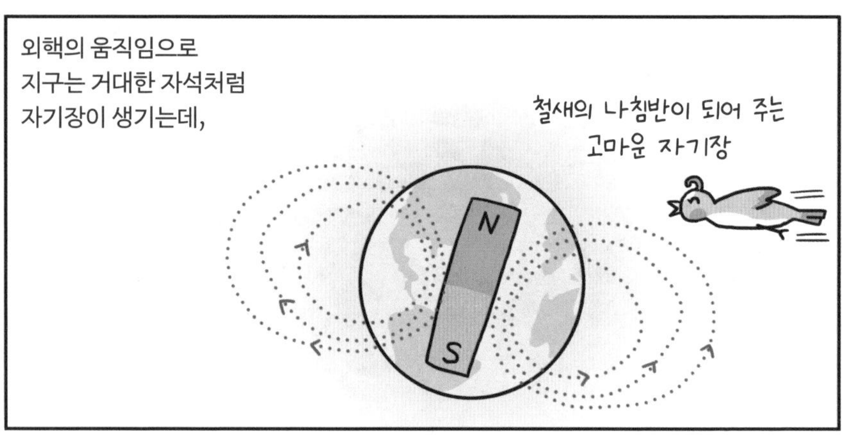
외핵의 움직임으로
지구는 거대한 자석처럼
자기장이 생기는데,
철새의 나침반이 되어 주는
고마운 자기장
N
S

외핵이 빠르게 흐르면
자기장의 세기가 변하게 됩니다.
지이잉
N
S

자기장이 강해진다면 GPS 기반 시스템은 물론이고,
우리가 사용하는 전자기기 대다수가 먹통이 되겠지요.

선장님,
어디로 갈까요?

몰라 뭐야 이게…
무서워….

망망대해

빵
빵

내비게이션이
왜 작동을 안 하지?

그러게 내비만
믿지 말랬지~

내비게이션

운전부심 부리기 가능

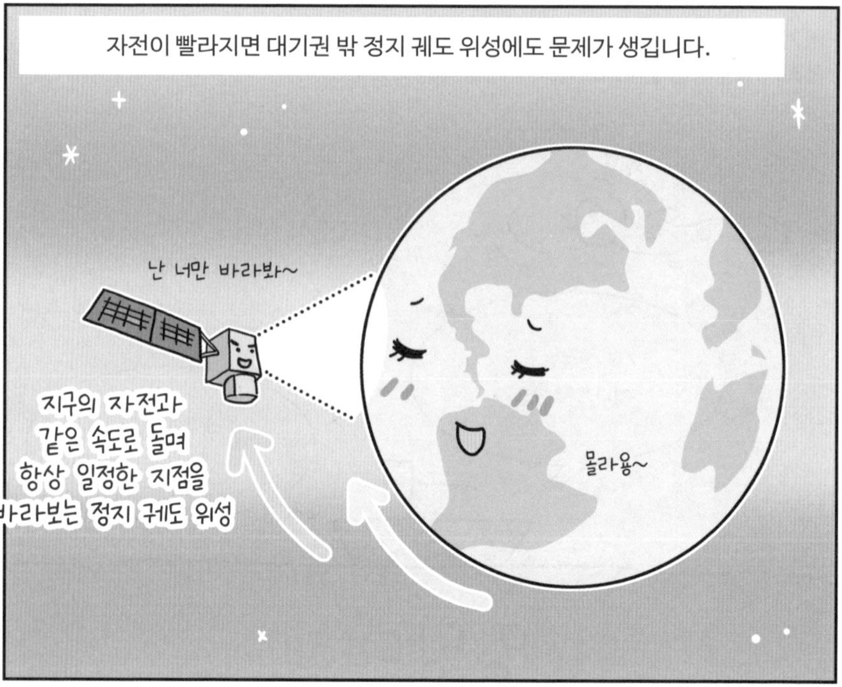

자전이 빨라지면 대기권 밖 정지 궤도 위성에도 문제가 생깁니다.

빨라진 자전 속도에 맞춰 인공위성의 공전 속도를 높이면,
인공위성 자체 원심력이 강해져서
원래 궤도를 이탈할 수 있기 때문입니다.

이 모든 게 가정일 뿐이니
다행이네

그러게요
오늘도 평화로운 지구~

사실 지구가 처음 태어났을 때는
엄청난 속도로 자전을 했습니다.

하루는 12시간보다 훨씬 짧았죠

휘리릭

뭣이라?

그러다가 거대한 운석 충돌로 달이 생겨나고
쾅!

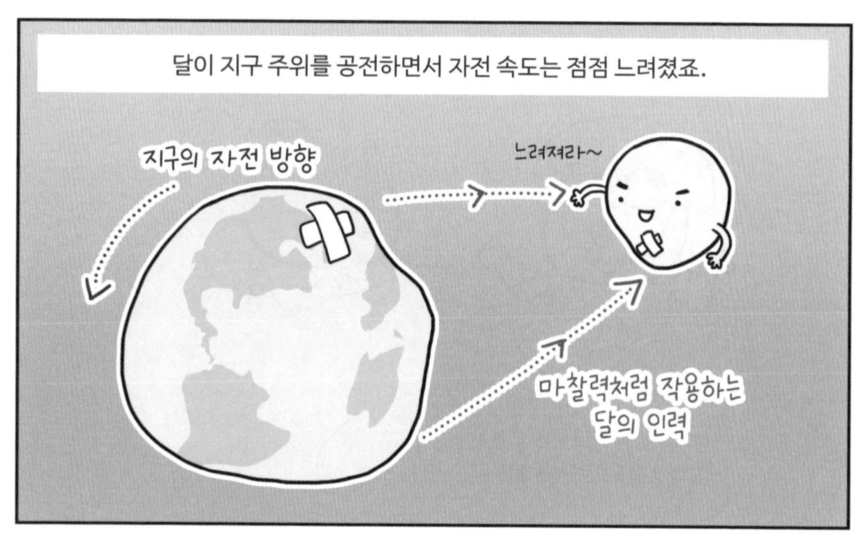
달이 지구 주위를 공전하면서 자전 속도는 점점 느려졌죠.
지구의 자전 방향
느려져라~
마찰력처럼 작용하는 달의 인력

지난 3000년 동안 지구의 자전 속도는
100년마다 평균 0.002초씩 느려지고 있습니다.
100년마다 하루 길이가 0.002초씩 늘어나는 것이지요.

그래서 새해 직전에
1초를 더 넣는
'윤초'가 생겼습니다.

23:59:59 23:59:60 00:00:00

HAPPY NEW YEAR

최근에는 2017년에 1초를 추가함

왜 굳이 윤초를
넣어야 하지?

지구한테 자전 속도를
시계에 맞추라고 하면
이상하니까요?

윤초가 컴퓨터에
혼란을 줘서 폐지하자는
주장도 나오고 있죠.

2012년 윤초로 인한 버그 때문에
400여 편의 항공기가 출발하지 못한
호주 항공사

??

2015년 증권시장 개장이
20분 지연됨

??

이렇게 시간이 지날수록 미세하게 느려지고 있기 때문에,
현재로서는 지구의 자전 속도가 빨라질 일은 없을 것 같습니다.

14
우주에서 1년을 살면
우리 몸엔 어떤 변화가 일어날까?
NASA

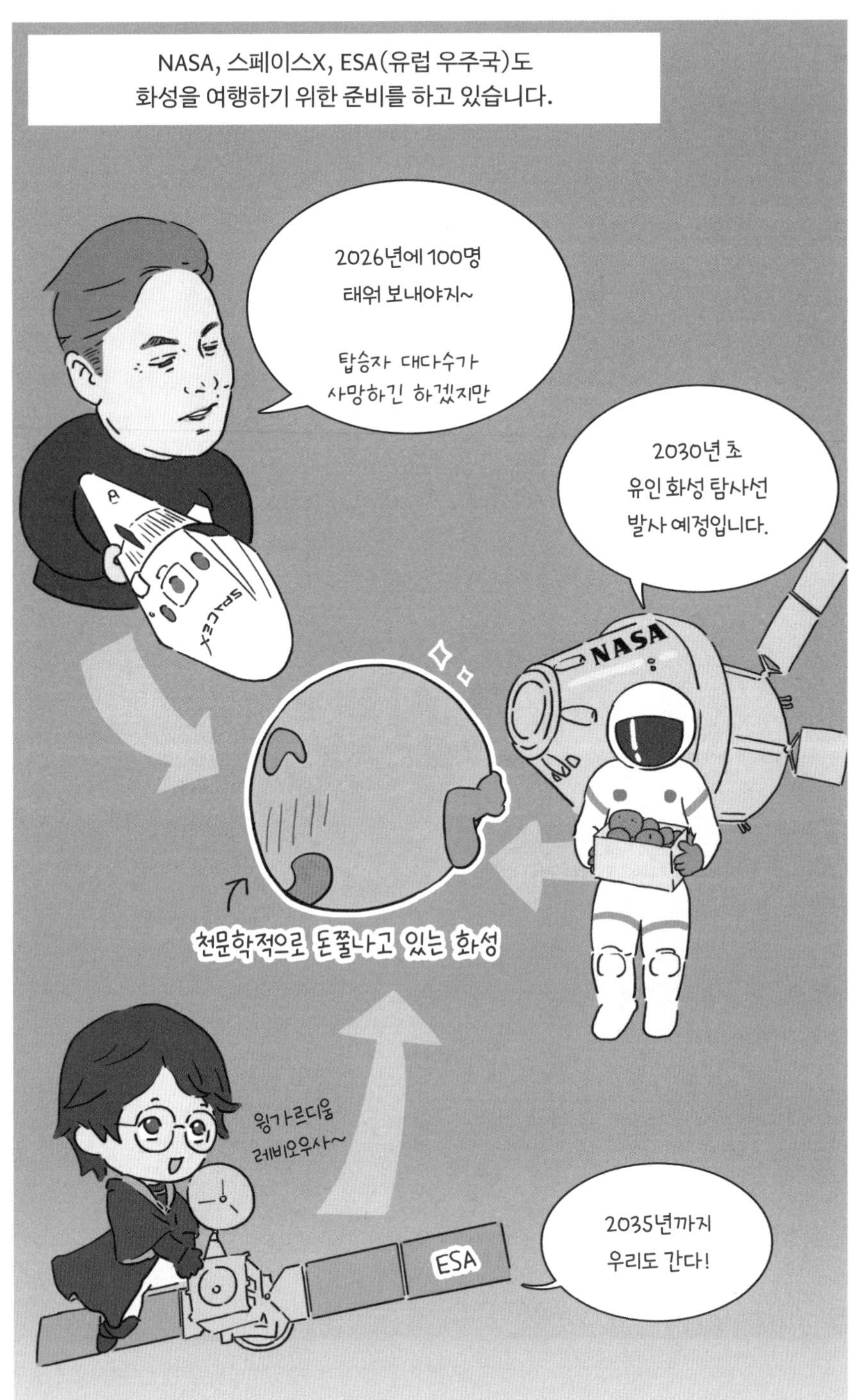
NASA, 스페이스X, ESA(유럽 우주국)도
화성을 여행하기 위한 준비를 하고 있습니다.
2026년에 100명
태워 보내야지~
탑승자 대다수가
사망하긴 하겠지만
2030년 초
유인 화성 탐사선
발사 예정입니다.
NASA
천문학적으로 돈쭐나고 있는 화성
윙가르디움
레비오우사~
ESA
2035년까지
우리도 간다!

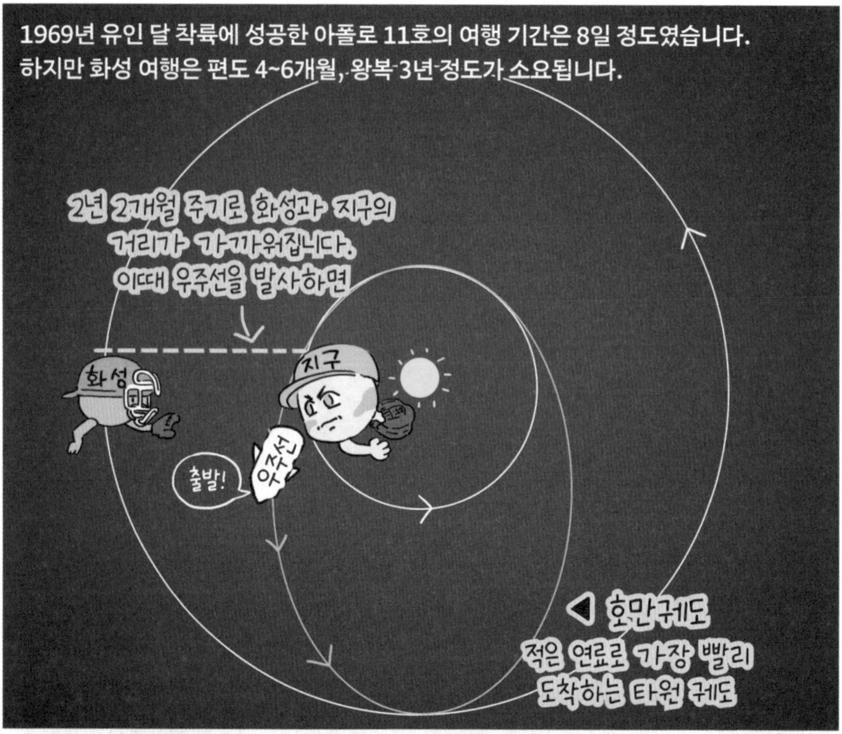

1969년 유인 달 착륙에 성공한 아폴로 11호의 여행 기간은 8일 정도였습니다.
하지만 화성 여행은 편도 4~6개월, 왕복 3년 정도가 소요됩니다.

2년 2개월 주기로 화성과 지구의 거리가 가까워집니다. 이때 우주선을 발사하면

화성

지구

우주선

출발!

◀ 호만궤도

적은 연료로 가장 빨리 도착하는 타원 궤도

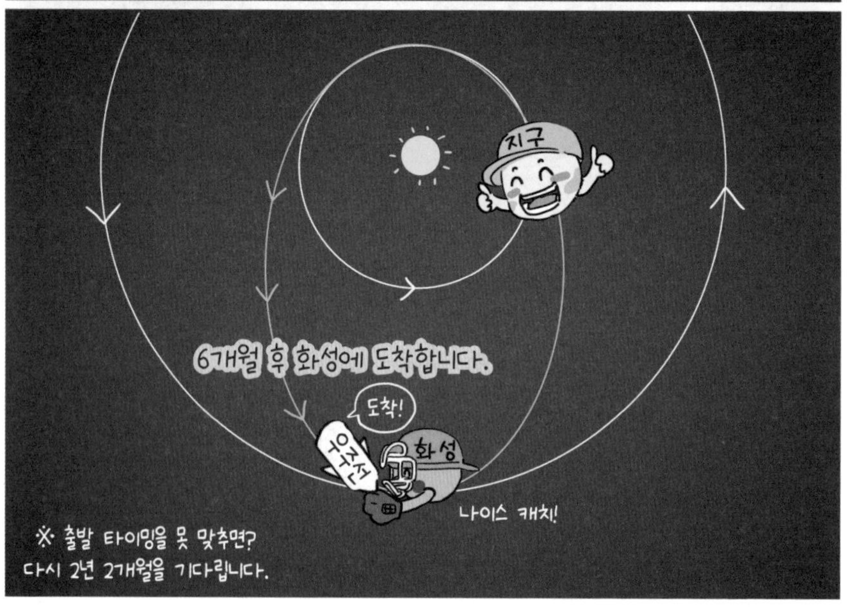

이렇게 오랜 기간을 우주에 있을 때, 인간은 괜찮을까요?

우주복을 입거나 우주 정거장에 머물러도
인체에 영향을 주는 5가지 요인이 있습니다.

2. 지구와 사회적 격리

지구의 일상과 전혀 다른 곳에서 생활하며,
기존 사회와 분리되고
심리적인 영향을 받습니다.

몸이 멀면 마음도 멀어질까?
지구에 있는 애인이 걱정돼.

그 걱정…
애인부터 만들고 하자.

어머!
한정판 굿즈 사러
줄 서야 하는데!

← 못 감

3. 폐쇄적 환경
우주 정거장, 우주선 안에서만 지내야 합니다.

밀폐된 우주선 안에서 방귀는 폭발 위험이 있기에
60년대 달 탐사선 아폴로호에서는
콩, 배추, 브로콜리 같은 방귀 유발 음식이 금기시되었죠.

4. 우주 방사선

지구를 벗어나면
태양 등에서 오는 우주 방사선의 영향을 받습니다.
두꺼운 콘크리트나 물로 안전하게 막아야 하지만
우주선이 무거워지면 안 되기에
여행 내내 우주 방사선에 많이 노출됩니다.

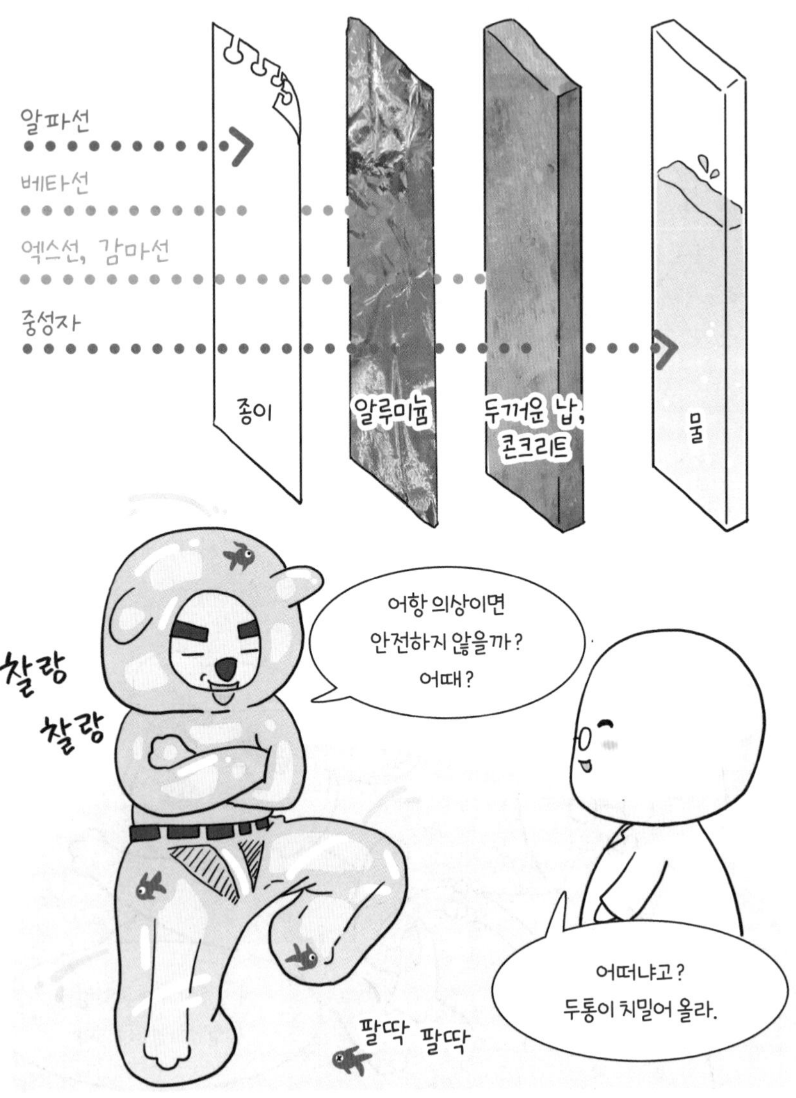

알파선
베타선
엑스선, 감마선
중성자
종이
알루미늄
두꺼운 납, 콘크리트
물
찰랑 찰랑
어항 의상이면 안전하지 않을까? 어때?
어떠냐고? 두통이 치밀어 올라.
팔딱 팔딱

5. 한정된 자원과 음식

샤워는 물로 헹구지 않아도 되는
비누로 해결함
지구 가면
흐르는 물로 샤워하는 게 소원

양치한 건 삼키기
꿀꺽?!

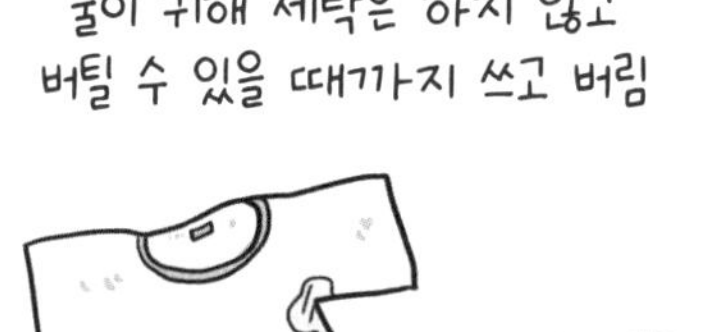

물이 귀해 세탁은 하지 않고
버틸 수 있을 때까지 쓰고 버림

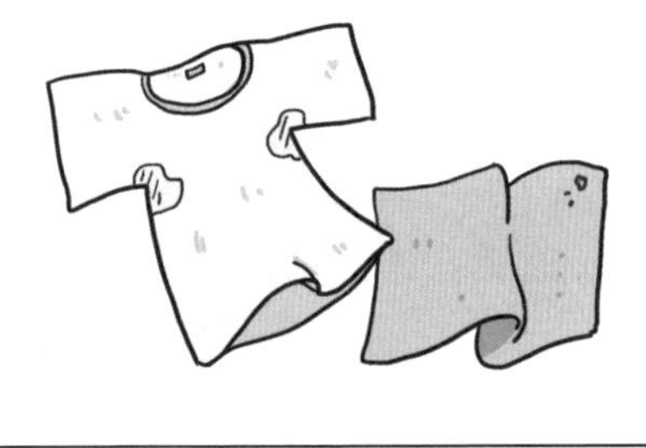

소변까지 정화해서 마시기
식수

아프면요?
최선을 다해서
아프지 마.
의사까지 태울 여력이 안, 돼!

이런 우주에서 받는 영향에 오래 노출된 사례가 있습니다.
미국 우주비행사 '스콧 캘리'는 무려 340일 동안 우주에 있었죠.

340일 후
?
헉!

우주 정거장에서 스콧의 소변, 혈액 샘플을 틈틈이
소유즈 우주선으로 지구에 보내 몇 년간 분석했습니다.
슈웅

지구에 있는 스콧의 쌍둥이 형제 마크가 훌륭한 비교군이 되었죠.

1년 금방이다
그럼 형이 가…
같은 우주비행사잖아
과연 스콧에게는 1년 뒤
어떤 변화가 생겼을까요?
마크
스콧

1. 신체 내부에 독성 작용을 하는 활성산소가 축적되었습니다.

활
성
산
소
세포
재생하지 마!
세포 기능 하지 마!
늙어!
늙어라!!

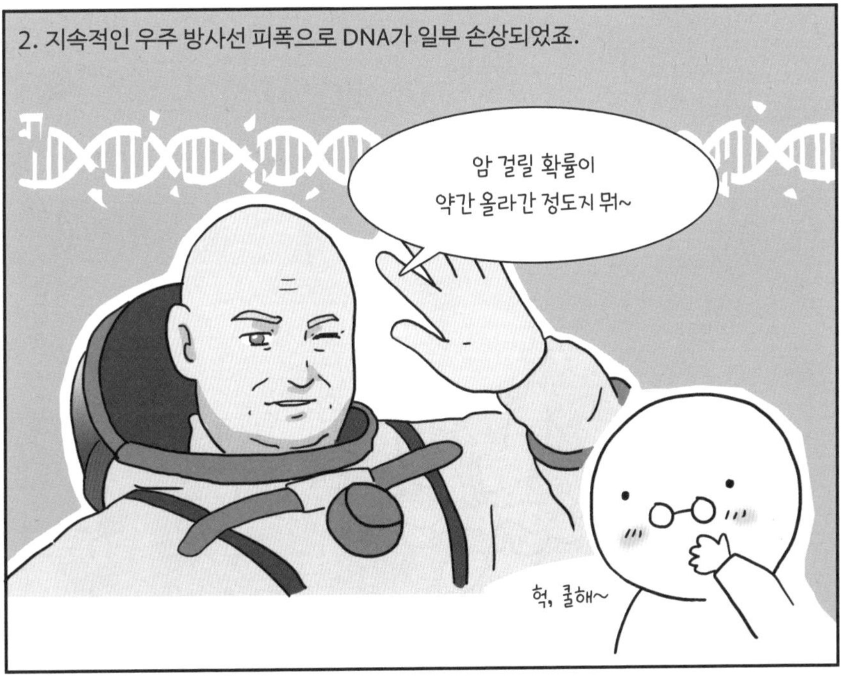

2. 지속적인 우주 방사선 피폭으로 DNA가 일부 손상되었죠.

암 걸릴 확률이
약간 올라간 정도지 뭐~
헉, 쿨해~

3. 세포 에너지 생산 역할을 하는 '미토콘드리아'가 장애를 일으켰습니다.

4. 몸속, 특히 유산균과 대장균 등이 있는
장내 미생물들의 군집이 변화되었습니다.
달라진 식단과 환경으로 인한 스트레스가 원인으로 보입니다.

5. 신체 노화에 관여하는 텔로미어의 길이가 달라졌습니다.

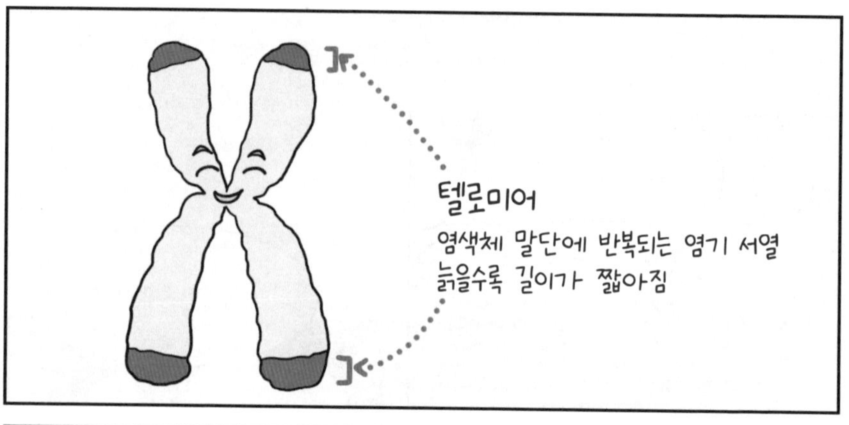
텔로미어
염색체 말단에 반복되는 염기 서열
늙을수록 길이가 짧아짐

스콧의 텔로미어가 길어져서 '우주에서는 늙지 않는 건가?'라는 기대에 많은 관심을 받았습니다.

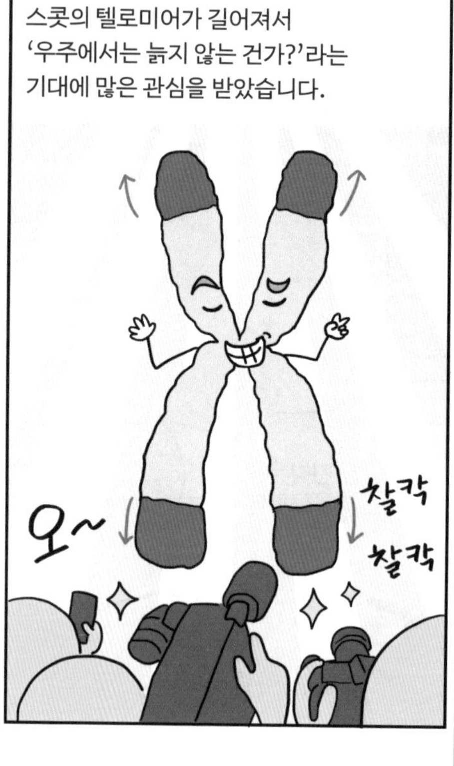
오~
찰칵
찰칵

하지만 지구 복귀 후 6개월 만에 원래 길이로 돌아왔습니다. 더 짧아진 다른 우주인도 있었죠.

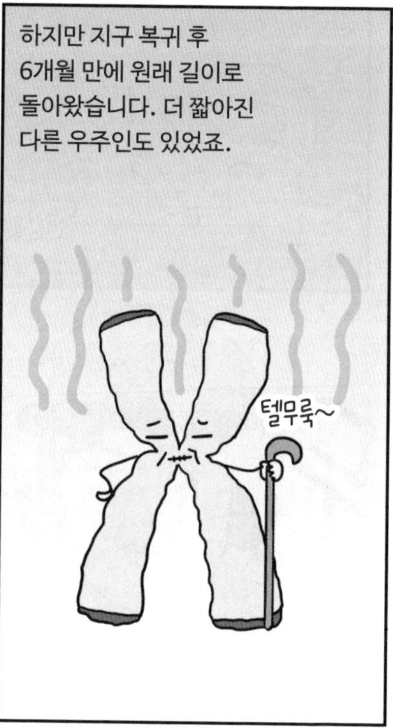
텔무룩~

그래서 자연스럽게 관련 연구에 대한 관심은 사그라들었습니다.

최근 과학자들은 미토콘드리아가
장애를 일으키는 것에 주목하고 있습니다.

인간은
30~60조 개의
세포가
있음

세포 하나에는
1,000~2,000개의
미토콘드리아가 있음

Mito

ATP

인체에는 제가 무려
1경 개 있다는 거죵~

미토콘드리아가 에너지를 제대로 만들지 못하면
해당 세포는 금방 죽습니다.
뇌세포에 있는 미토콘드리아가 장애를 일으키면
치매 질환이 올 수 있죠.

내가… 뭐…라고 했지?

지금까지 여러 우주인이 근골격계가 손실되고,
살이 빠지며, 면역력이 갑자기 떨어졌습니다.
죄송해요~

심장과 심혈관계에 이상이 생기기도 했죠.
죄송해요~

심지어 우주에서는
머리카락도 잘 안 자랍니다.
이건 살짝 억울한데?
원래 머머리 아님?

이러한 사실을 바탕으로 미토콘드리아 장애 개선 약물이 개발되었고
곧 우주 정거장의 우주인에게도 테스트할 예정입니다.

머지않아 화성으로의 이주와 여행이 본격화될 때,
모두 건강하게 다녀오길 기대합니다.

15
우주복은 왜
이렇게 비쌀까?

SPACEX 의 우주복

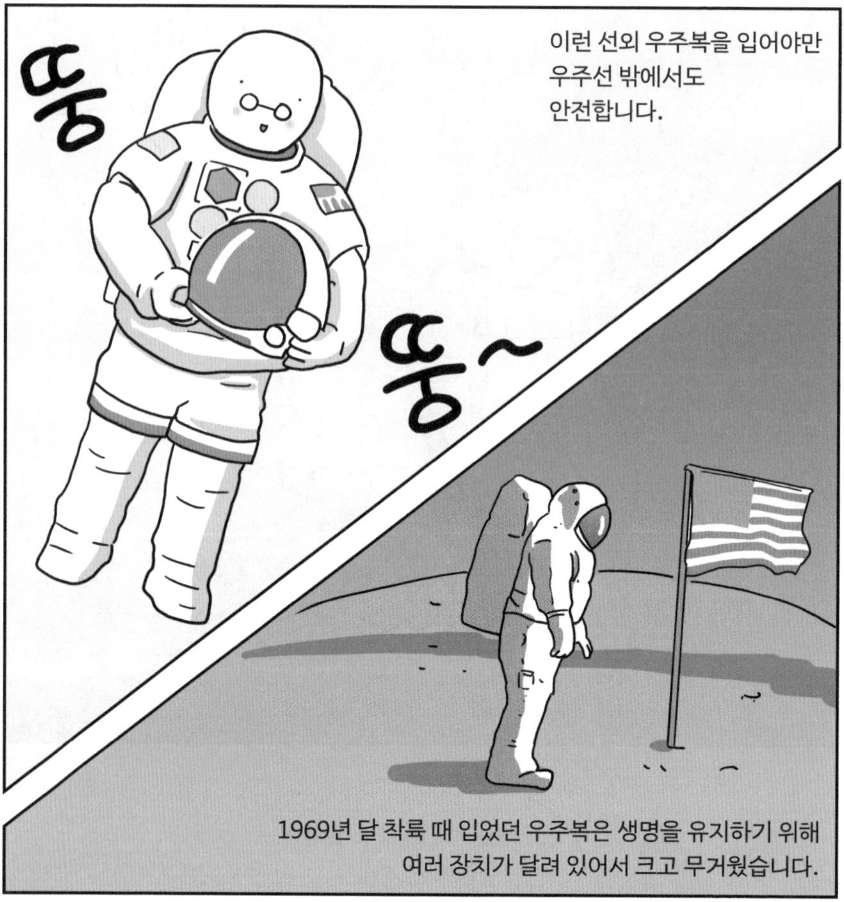

뚱

이런 선외 우주복을 입어야만 우주선 밖에서도 안전합니다.

뚱~

1969년 달 착륙 때 입었던 우주복은 생명을 유지하기 위해 여러 장치가 달려 있어서 크고 무거웠습니다.

50년 전이랑 비교해서 기술이 엄청 발전했으니, 요즘 우주복은 많이 성장했겠죠?
그렇죠. 지금 국제 우주 정거장에서 사용되는 우주복은 다른 겁니다.
두근 두근

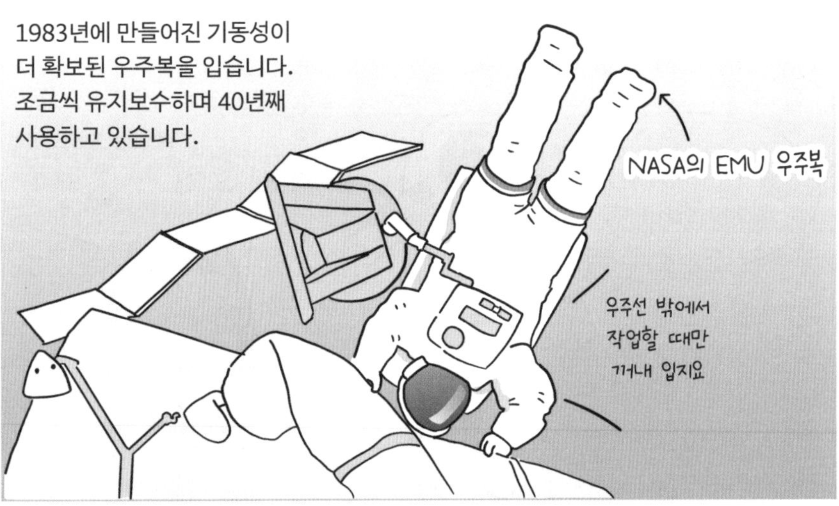
1983년에 만들어진 기동성이
더 확보된 우주복을 입습니다.
조금씩 유지보수하며 40년째
사용하고 있습니다.
NASA의 EMU 우주복
우주선 밖에서
작업할 때만
꺼내 입지요

전혀
성장하지
않았어….

40년간 같은 우주복이라니~
실
망
아, 그건….

그 시절 우주복 하나는 약 1,500만~2,200만 달러였습니다.
(2020년 기준 1억 5,000만 달러. 한국 돈으로 1,800억 원 정도의 가치)
아직 설계 수명도
남아서 괜찮습니다.
우주복 한 벌이면
마블 영화 1편 만들 수
있겠어요
EMU

<어벤져스> 같은 영화는
멋진 디자인을 많이 할수록
돈 벌어서 소고기 사 먹겠지만
우물
냠

NASA가 멋진 우주복으로
자주 바꿨다면
국가예산 낭비로 신고 먹겠죠.
우린 공무원이라고요
NASA
한 땀
한 땀

이 우주복은 18벌이 제작되었지만
40년간 많은 일들이 있었습니다.

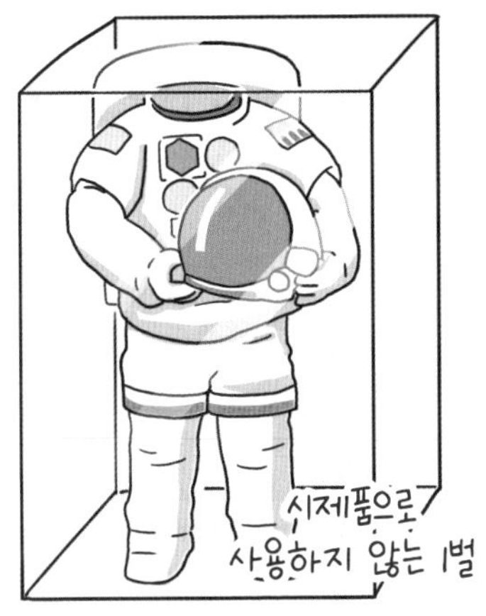
시제품으로
사용하지 않는 1벌

테스트 도중 부서진 1벌

1986년 챌린저 우주 왕복선
폭발사고로 잃은 2벌

2003년 컬럼비아호 사고로
잃은 2벌

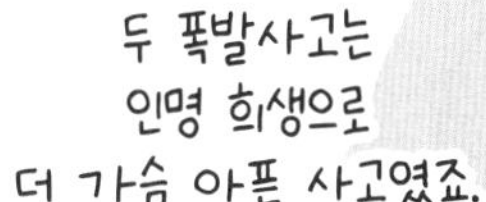
두 폭발사고는
인명 희생으로
더 가슴 아픈 사고였죠.

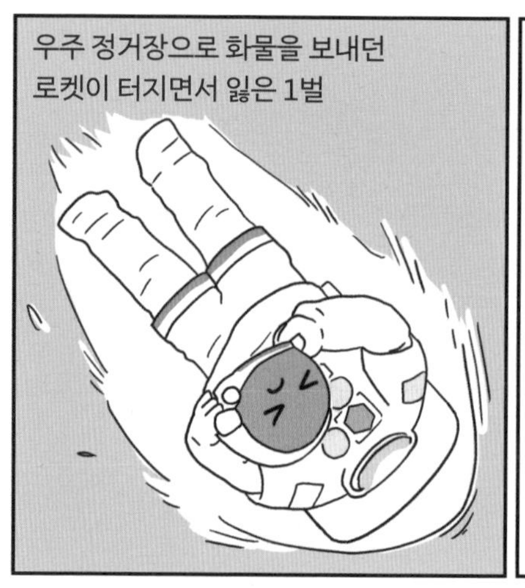

우주 정거장으로 화물을 보내던
로켓이 터지면서 잃은 1벌

그래서 남은 우주복은 11개이며,
이 중 7개는 지구에서 유지보수
하고 있습니다.
NASA

현재 4개가 국제 우주 정거장에서 사용되고 있습니다
수리하러
나왔습니다
배에 달린 생명유지장치를
보려면 손바닥에 있는 거울로
조절하며 비춰 보아야 합니다.
(목이나 허리를 구부리지 못해
육안으로는 배를 볼 수 없는
귀여운 우주인)

18개 중 7개나
없어졌는데
더 안 만들어요?
여러 문제가 있죠.
선외 우주복은
'사람 모양 우주선'이라고
할 정도로 여러 장치가
들어갑니다.

1기압인 지구와 달리, 우주는 0기압인 진공 상태라서
우주복 안에 기압을 일정하게 조절하는 기능을 넣어야 합니다.

빵 빵
1990년 만들어진 영화 <토탈 리콜>에서는
화성에서 맨몸으로 노출될 때 온몸이
부풀어 올랐지만, 이건 영화적 과장입니다.
실제 피부는 1기압 차이 정도는 잘 버팁니다.

문제는 0기압에서 우리 혈액 속 기체들이 끓어오르는 것입니다.
혈액 속 산소가 기화되어 없어지면
뇌에 산소가 공급되지 않아 질식사합니다.

글쎄, 내 침이
끓더라고~
1965년 NASA 실험 중
진공에 노출되는 사고를 겪고
기절했던 짐 르블랑

생명에 위협이 되지는 않지만
기압이 낮아지면서 신체의 구멍에서 기체가 잘 분출되죠.

뽀옹

태양에서 날아오는 강력한 빛과 우주 방사선도 막아야 합니다.

맨몸으로 우주에 나간다면 즉시 온몸에 화상을 입고
세포 손상과 함께 수포가 일어나죠.
으아악~!
오존층
대기
우리의 소중함을
잘 알겠지?

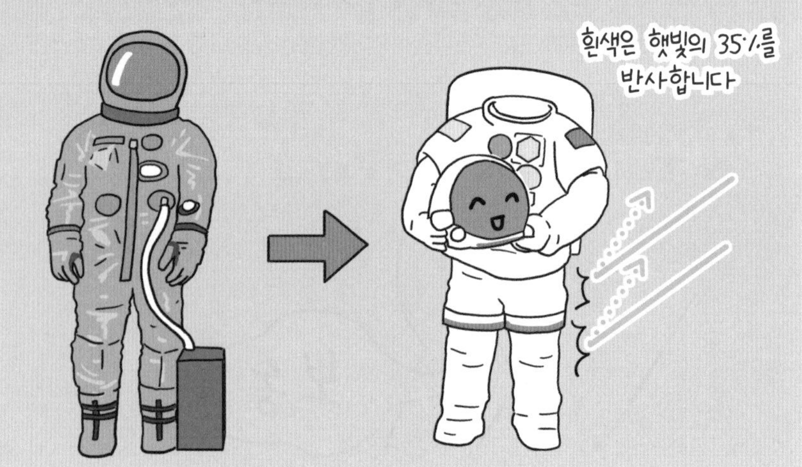
그래서 우주인을 보호하기 위해 두껍고 무거운 우주복을 입힙니다.
소련과 미국의 냉전 시기엔 우주복의 색깔이 은색이었습니다.
하지만 이후 태양광을 막는 데 흰색이 더 효율적이라는 연구 결과가 나오면서
모든 우주복의 색깔은 흰색이 되었죠.
흰색은 햇빛의 35%를
반사합니다

총알보다 빠른 속도로 날아오는
미세 우주먼지도 막아내야 합니다.

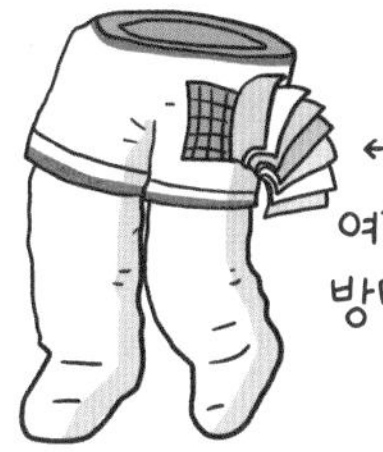
← 12~14겹으로 되어있는
여러 기능을 하는 천 중에는
방탄복에 쓰이는 소재도 있음

배트맨 슈트와 같은
'케블라' 방탄 섬유

하의를 입고 상의, 헬멧, 장갑을 끼는 데 45분이 걸리고
우주에 나가기 전 적응 과정에 3시간이 더 필요합니다.
선외 작업 시간까지 포함하면
오랫동안 착용한 상태로 있기 때문에
우주복 안에는 화장실 시스템도 있죠.

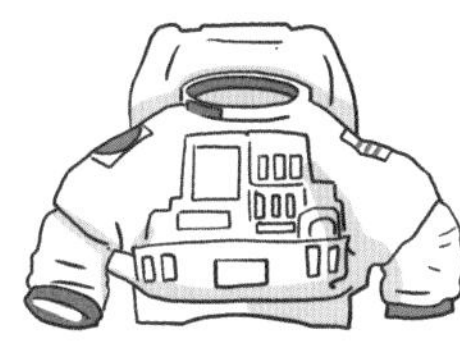

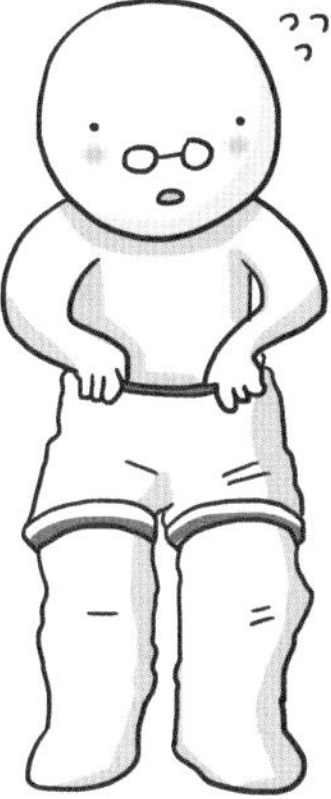
ㄱㄱ

러시아의 '올란' 우주복은
15분이면 입을 수 있음
스윽~

두꺼운 우주복을 입고 일하면 매우 덥기 때문에
땀이 나지 않도록 냉각수로 온도를 조절합니다.

냉각수가 흐르는
튜브로 만들어진 옷을
먼저 입고 우주복을 입음

땀이
흐르지 않고 둥둥 떠다녀서
눈이나 코를 막을 수
있기에 위험하죠
손으로 땀을
닦을 수도 없음

2013년, 우주 유영 실험
중이었던 루카 파르미타노

우주복 안에
물이 차올라요!!
스트레스 등으로
착각할 수 있어요.
괜찮아요~ 릴렉스~
(관제센터)

동료의 도움으로 무사히
우주 정거장 안에 들어왔습니다.

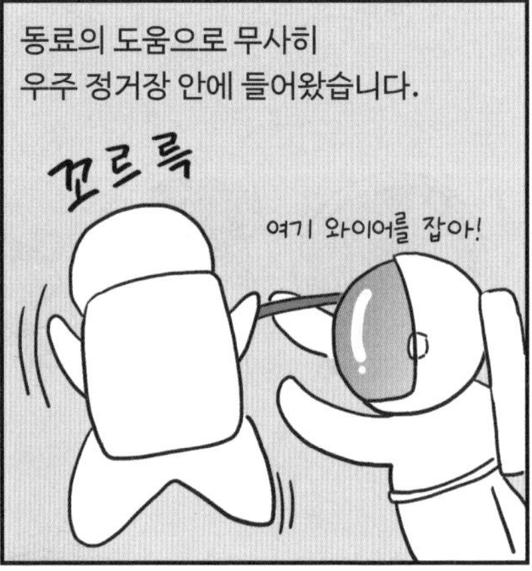
꼬르륵
여기 와이어를 잡아!

알고보니 우주복 내부에서
냉각수가 흘렀던 것입니다.

으앗~
이게 뭐야~

자칫 큰 사고로 이어질 수 있었던
아찔한 순간이었죠.

누가 믿겠어?
우주에서
익사할 뻔했다고

우주복에서 가장 비싼 부품은 '장갑'입니다. 우주에서 작업을 하기 위한 센서들이 부착되어 구조 또한 가장 복잡합니다. 두꺼운 장갑이지만 어떤 물체를 만질 때 촉감도 느낄 수 있습니다. 단단한지 부드러운지 까끌까끌한지도 말이죠.

외부 충격이나 극한의 우주 날씨에서 손을 보호하기 위해 두꺼움

방어력과 섬세함을 동시에 갖추다니, 어떻게 한 거지?

돈이죠. 장갑이 가장 비싸요.

돈으로 해결 안 되면 돈이 부족한 겁니다

1974년 우주복을 개발하고 만들 당시에
우주복 부품과 장치 부품을 만들던 회사들이 대부분 사라져서
기존 우주복은 또 만들려고 해도 만들 수가 없습니다
NASA
부품이 필요하네요 이 회사 전화번호가 어디 있더라
너덜
지금 거신 번호는 없는 번호….

수리하려면
연구원들이 직접
그 부품을 만들어야 하죠.
NASA
설마 계속 고쳐서 쓰는 거예요?

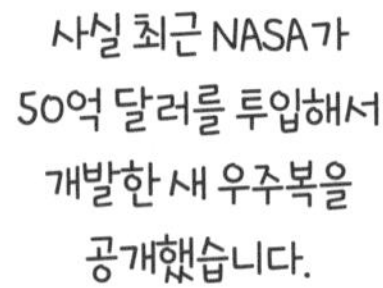
사실 최근 NASA가
50억 달러를 투입해서
개발한 새 우주복을
공개했습니다.

휴~

XEMU 시제품

2017년 트럼프가 사인한
'아르테미스 프로젝트'에 맞춰 준비된
이 우주복은 한국 돈으로 2,400억 원 정도 합니다.

※ 아르테미스 프로젝트:
2024년 달에 2명을 착륙시키는 걸
목표로 하는 유인 달 탐사 프로젝트

색감이
캡틴 아메리카
느낌이 나죠?

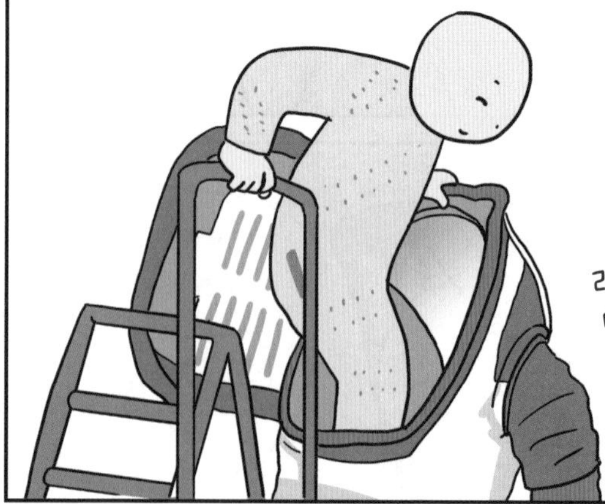

러시아 우주복 올란처럼
탑승하듯이 입습니다.

1960년대 아폴로 프로젝트 당시엔 단순히 달 위를 걷는 게 주목적이라서
관절의 움직임을 최소화한 깡통형 우주복을 입었습니다.
월석이다! 줍자~
팅
으앙
버둥
버둥
구부리고 싶은 무릎과 그렇지 못했던 우주복

옆을 보고 싶으면?

몸 전체를 돌려서 봤음
??

그러나 앞으로는 달이나 화성에서 우주인들이 샘플을 채취하고 몸을 섬세하게 움직이며 물건을 들고, 나르고, 정비하는 일들이 많아질 것입니다. 그래서 이번에 공개한 우주복도 허리를 돌리고 팔, 다리 관절까지 다 사용할 수 있도록 만들었죠.

허리 돌리기~

무릎 굽히기~

새 우주복은 효율적인 흰색으로 디자인됐지만
동시에 선보인 다른 우주복은 주황색입니다.
이건 우주로 출발할 때와 지구로 귀환할 때
입는 '여압복'입니다.

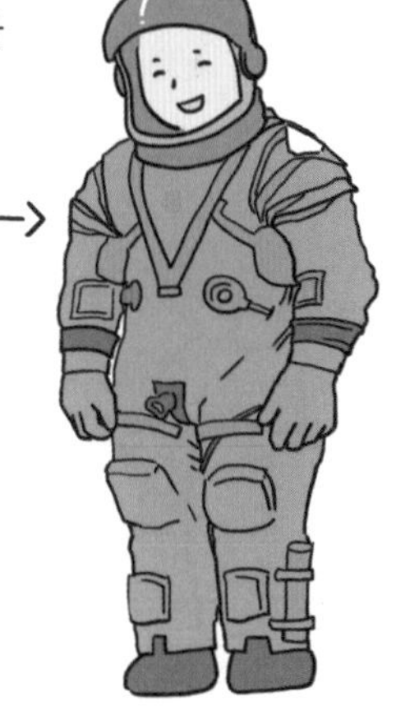

보트로 변하는 옷도 있음

귀환하는 우주인이 만약 바다나
외딴 육지에 불시착하면
구조대의 눈에 잘 띄게 하기
위해 주황색으로 제작되었죠.

다른 국가의 여압복도 주황색이 기본이었지만, 최근에는 GPS가
더욱 정교해지고 대기권에 진입한 우주선을 추적하는 기술도
발달함에 따라 굳이 주황색일 필요가 없어졌습니다.
그래서 다양한 색상의 실내 우주복이 공개되기도 합니다.

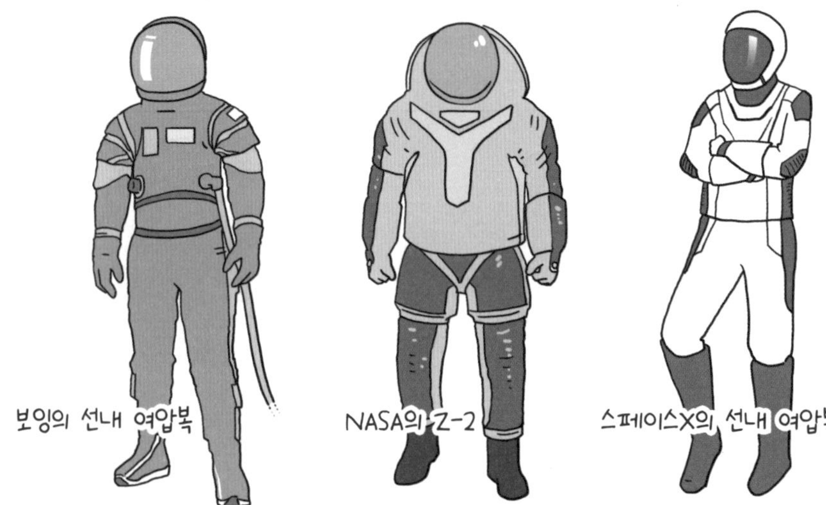
보잉의 선내 여압복
NASA의 Z-2
스페이스X의 선내 여압복

현재 NASA의 과학자들은 우주 정거장 외부 활동용, 심우주 활동용 등 상황에 맞는 우주복을 개발하고 싶어 합니다. 그리고 우주복의 가격도 한국 돈으로 약 240억 원 정도로 낮추길 원하고 있죠.
현재 기술의 발달, 신소재 발견, 여러 우주 스타트업의 경쟁으로 비용이 낮아지고 있습니다. 특히 스페이스X에서는 3D프린터로 개인 체형에 맞는 실내 우주복을 저렴하게 만들어냈습니다.

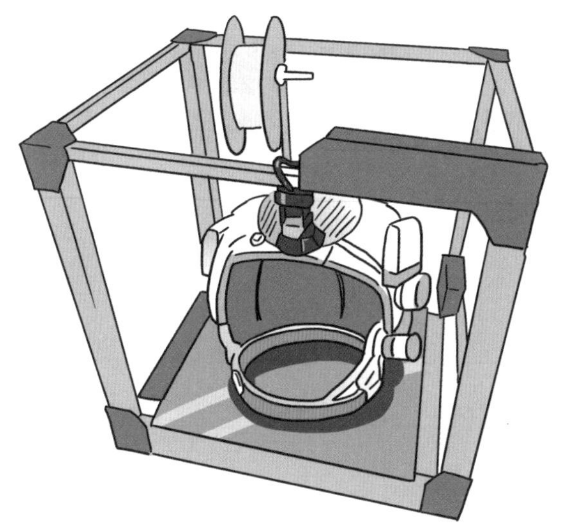

16

운석이 떨어지면 핵폭탄으로 막을 수 있을까?

지금 지구로
운석이 날아
오고 있습니다!
갑자기?
대서양에 충돌하고
미국 동부, 서유럽,
서아프리카를
박살냈네요.
펑!!
쏴아
이 정도면 오늘
학교 안 가도
돼요?
재난 영화
<딥 임팩트> 였습니다.
학교는
갑니다
힝

영화처럼
거대한 운석이
지구와
충돌할까요?

응, 7일 남았다고
기사 떴는데?

네?!

픕

켁

언제 충돌할지
알 수는 없지만
예전에는 있었죠.

지름이 10km나 되는 거대한 소행성이 지구와 충돌했었습니다.
서울 강북구 크기

충돌 직후에는 어마어마한 쓰나미와 화산 폭발이 있었고
부글
부글

폭발로 생긴 엄청난 양의 먼지들이
대기를 뒤덮으면서 햇빛을 차단하였습니다.

그 결과 28도였던
당시 지구의 평균 기온은
11도로 급락했고

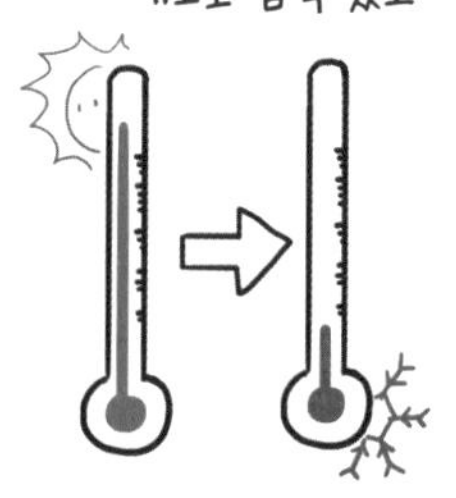

1년 반 이상 식물들이
광합성을 못 했죠.

시들

그렇게 지구 생명체의 4분의 3이 멸종했습니다.
순간 삭제
이것을 우리는 '5번째 대멸종'이라고 부릅니다.

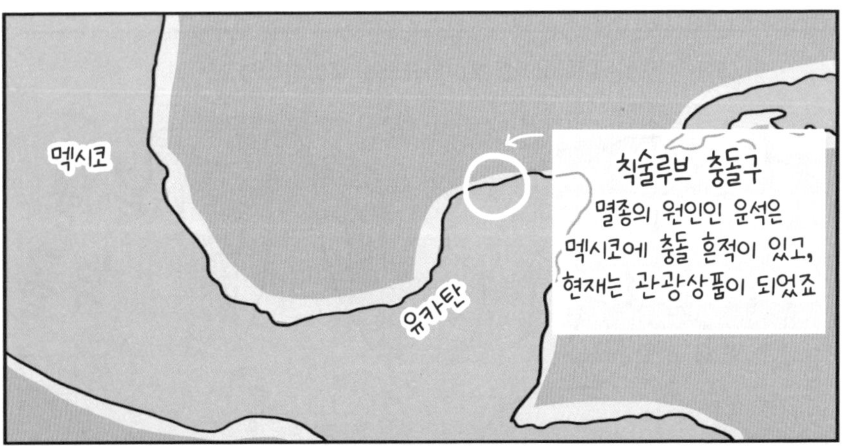
멕시코
칙술루브 충돌구
멸종의 원인인 운석은
멕시코에 충돌 흔적이 있고,
현재는 관광상품이 되었죠
유카탄

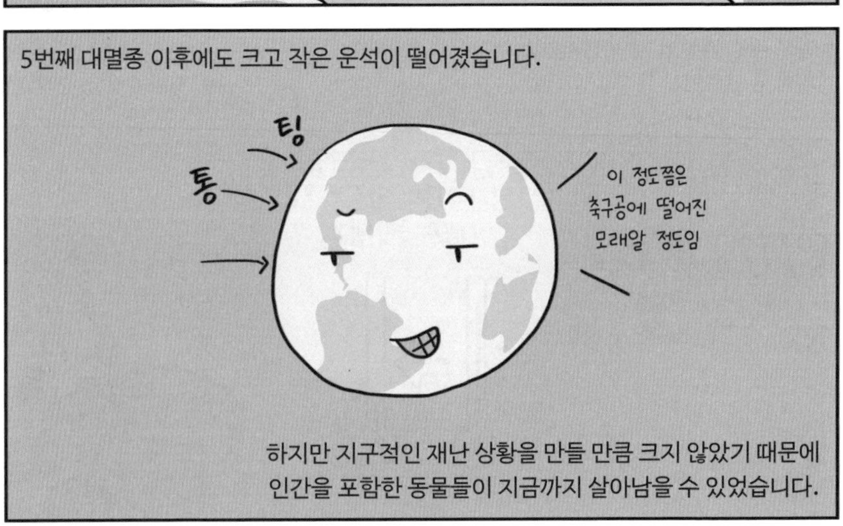
5번째 대멸종 이후에도 크고 작은 운석이 떨어졌습니다.
팅
통
이 정도쯤은
축구공에 떨어진
모래알 정도임
하지만 지구적인 재난 상황을 만들 만큼 크지 않았기 때문에
인간을 포함한 동물들이 지금까지 살아남을 수 있었습니다.

아무리 작은 운석이라도 도심지에 떨어지면 쑥대밭이 됩니다.
콰
과
광
운석에 맞아도
살아만 있다면
로또가 되죠

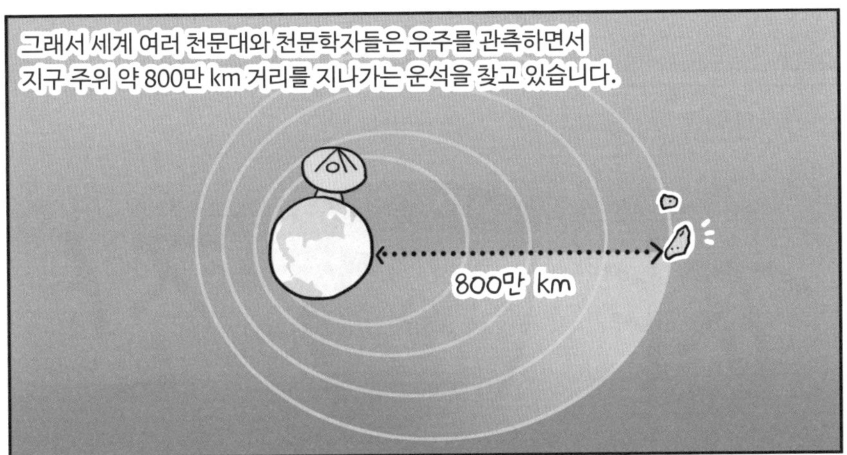
그래서 세계 여러 천문대와 천문학자들은 우주를 관측하면서
지구 주위 약 800만 km 거리를 지나가는 운석을 찾고 있습니다.
800만 km

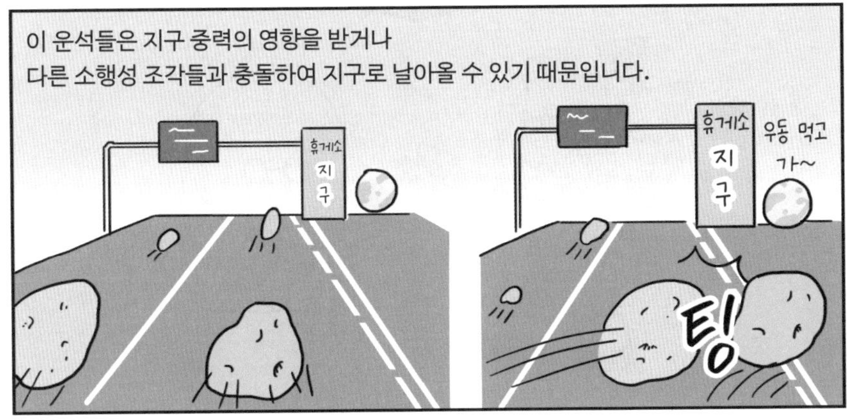
이 운석들은 지구 중력의 영향을 받거나
다른 소행성 조각들과 충돌하여 지구로 날아올 수 있기 때문입니다.
휴게소
지
구
휴게소
지
구
우동 먹고
가~
팅

지구에 위협이 될 만한 소행성들을 '지구 근접 소행성'이라 합니다.

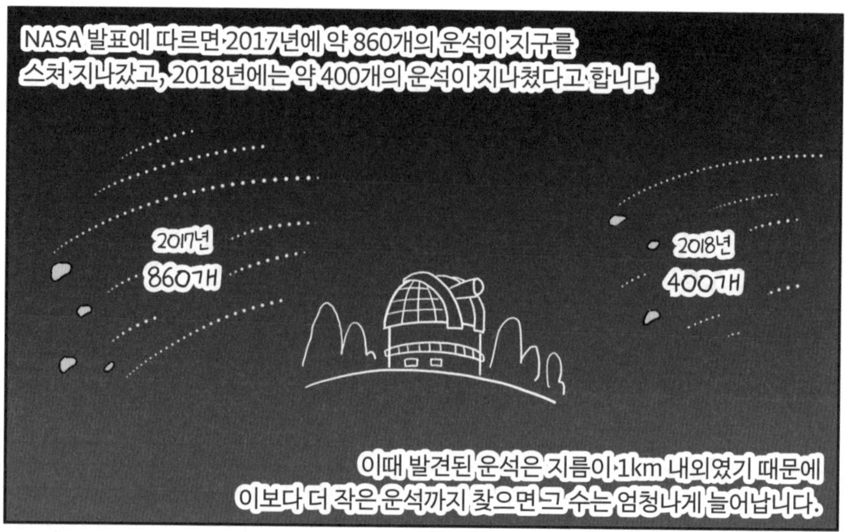
NASA 발표에 따르면 2017년에 약 860개의 운석이 지구를
스쳐 지나갔고, 2018년에는 약 400개의 운석이 지나쳤다고 합니다
2017년
860개
2018년
400개
이때 발견된 운석은 지름이 1km 내외였기 때문에
이보다 더 작은 운석까지 찾으면 그 수는 엄청나게 늘어납니다.

그래서 NASA는 '지구방위본부'를 만들었습니다.

짜 잔

PLANETARY DEFENSE
COORDINATION OFFICE
HIC SERVARE DIEM

이름은 꼭
외계인 침공도
막을 것 같아요

지구 근접체의 충돌을
막기 위한 곳이죠

그럼 NASA에서 추적하고 있는 여러 운석 중에
가까운 시일 내에 지구와 충돌할 가능성이 있는 운석도 있을까요?

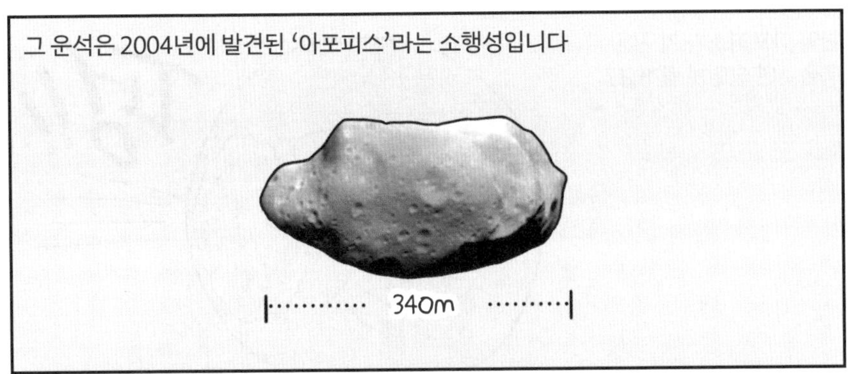
그 운석은 2004년에 발견된 '아포피스'라는 소행성입니다
340m

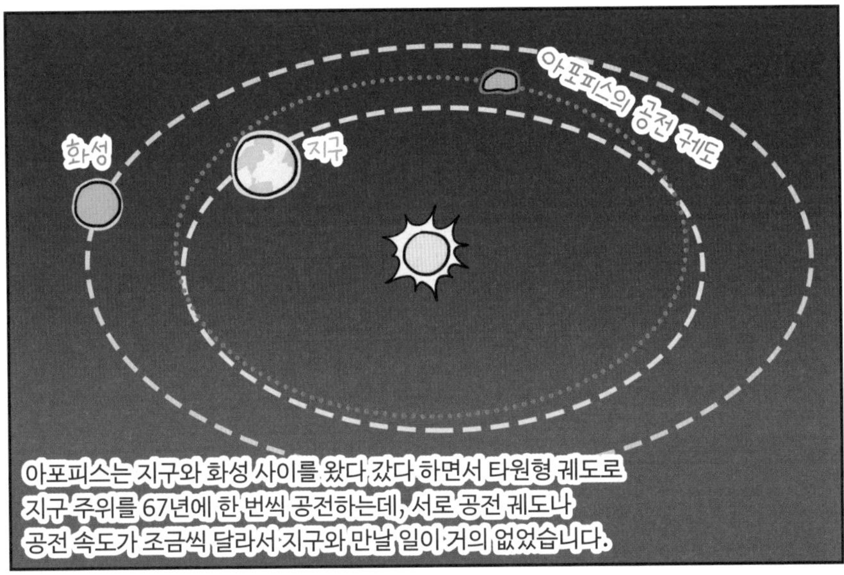
아포피스의 공전 궤도
화성
지구
아포피스는 지구와 화성 사이를 왔다 갔다 하면서 타원형 궤도로
지구 주위를 67년에 한 번씩 공전하는데, 서로 공전 궤도나
공전 속도가 조금씩 달라서 지구와 만날 일이 거의 없었습니다.

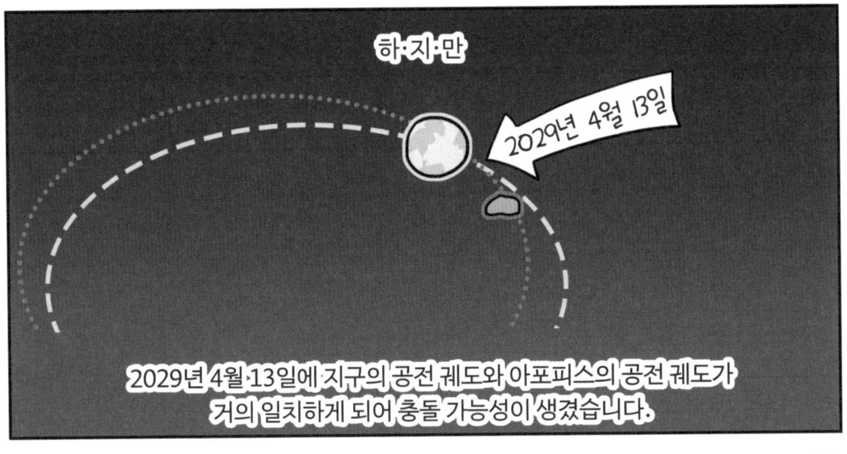
하·지·만
2029년 4월 13일
2029년 4월 13일에 지구의 공전 궤도와 아포피스의 공전 궤도가
거의 일치하게 되어 충돌 가능성이 생겼습니다.

만약 아포피스가 지구에
충돌하면 어떻게 될까요?

펑!!

NASA의 시뮬레이션 결과,
대서양에 충돌하면
17m의 거대한 해일이
미국 동부를 덮칩니다.
인생 서핑 가능!

대서양이 아닌 대륙에 떨어진다면
히로시마 원자폭탄의 10만 배에 달하는 충격을 준다고 합니다.

팅
모래알 하나쯤은
괜찮았던 지구

악! 내 눈!
모래알 10만 개 맞으면 아픈 것처럼
지구도 아프겠죠

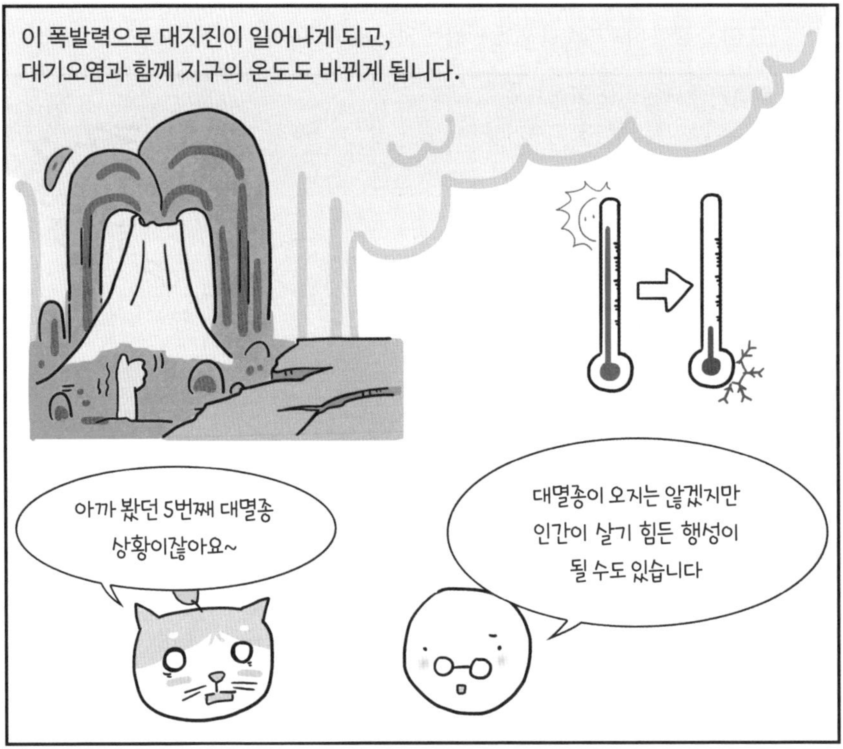

이 폭발력으로 대지진이 일어나게 되고,
대기오염과 함께 지구의 온도도 바뀌게 됩니다.

아까 봤던 5번째 대멸종
상황이잖아요~

대멸종이 오지는 않겠지만
인간이 살기 힘든 행성이
될 수도 있습니다

그렇다면 이 소행성 아포피스를 막을 방법은 없는 걸까요?

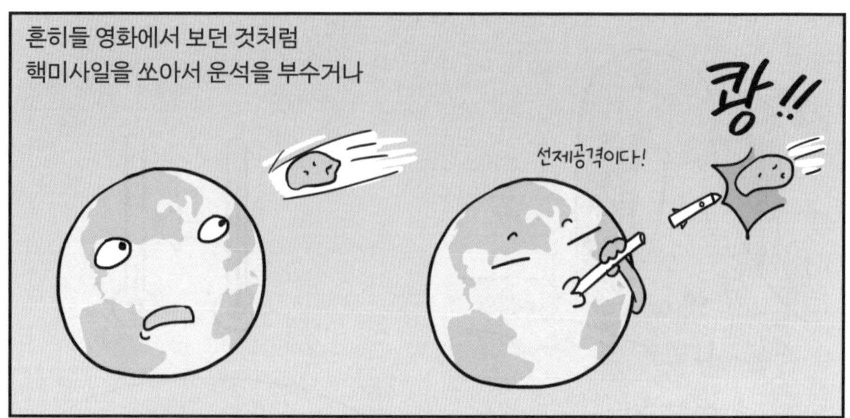
흔히들 영화에서 보던 것처럼
핵미사일을 쏘아서 운석을 부수거나
선제공격이다!
쾅!!

우주선을 타고 소행성으로 날아가 폭탄을 설치하는 장면 등을
막연하게 떠올릴 것입니다.
두두두두

그런데 최근 행성 과학저널 <이카루스>에 한 연구자료가 올라왔습니다.
미국 존스 홉킨스 대학과 메릴랜드 대학교 연구팀의 연구자료입니다.
영화는
재미있었고요
현실은
다르죠

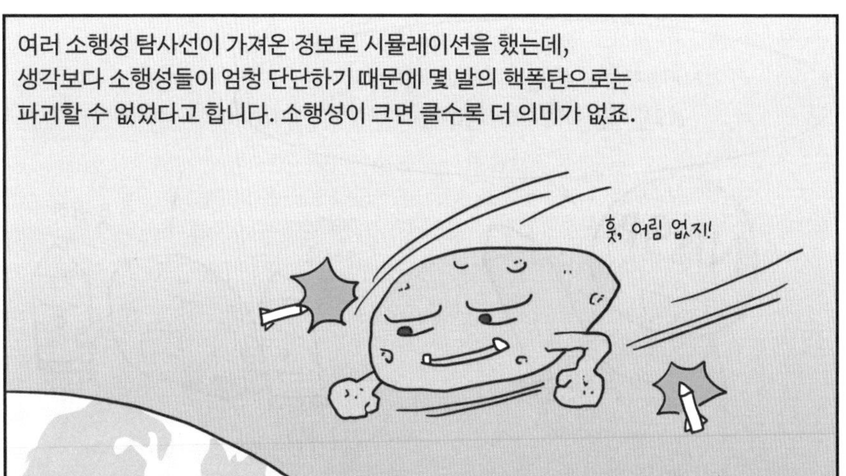
여러 소행성 탐사선이 가져온 정보로 시뮬레이션을 했는데,
생각보다 소행성들이 엄청 단단하기 때문에 몇 발의 핵폭탄으로는
파괴할 수 없었다고 합니다. 소행성이 크면 클수록 더 의미가 없죠.
훗, 어림 없지!

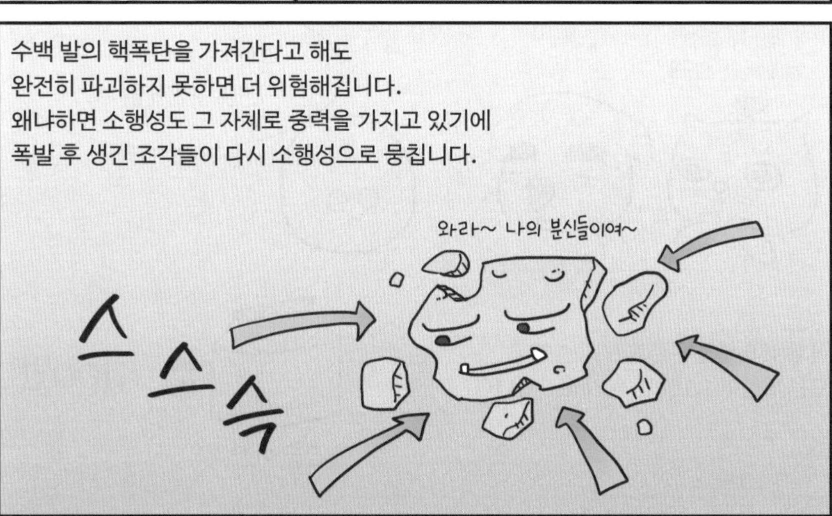
수백 발의 핵폭탄을 가져간다고 해도
완전히 파괴하지 못하면 더 위험해집니다.
왜냐하면 소행성도 그 자체로 중력을 가지고 있기에
폭발 후 생긴 조각들이 다시 소행성으로 뭉칩니다.
와라~ 나의 분신들이여~
스스슥

파괴해도 소행성들의 궤도가 수정되지 않고
지구로 곧장 날아올 수 있습니다.
후두둑

그래서 소행성에 로켓을 부착하고 작동시켜서
궤도를 이탈시키는 방법이 더 좋습니다.
NASA
저쪽으로
가시죠
놔라!
이거 못 놔?!
역시 NASA는
계획이 다 있군요
끝났네~
그만 가자
그런데 문제가 있습니다.
돈이 너무 많이 듭니다.
500ml
= 1,100만 원
한 모금 마신 우유

현재 450ml를 우주로 보내는 데 드는 비용이 1,100만 원이라고 합니다.

엄청나게 많은 양의 액체 연료를 우주로 보내려면 로켓에 들어가는 연료 또한 수백 kg이 될 텐데 비용은 기하급수적으로 늘어나겠죠.

하지만 방법이 아예 없는 건 아닙니다.
2013년 6월 NASA에서 실험 중인 '이온엔진'은
4만 3,000시간 동안 중단 없이 작동되었습니다.
5년간 엔진이 한 번도 꺼지지 않았죠.

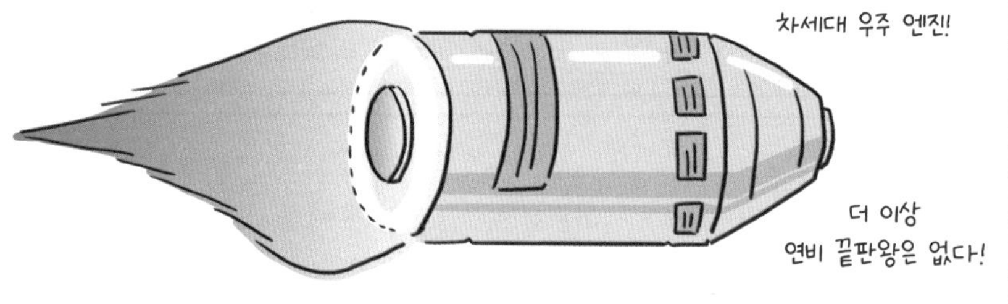

차세대 우주 엔진!
더 이상
연비 끝판왕은 없다!

더 놀라운 것은 5년간 소모된 연료는 고작 870kg 정도였다는 것입니다.
만약 평범한 액체 연료였다면 10배가 넘는 10톤이 필요했을 겁니다.

870kg

10톤

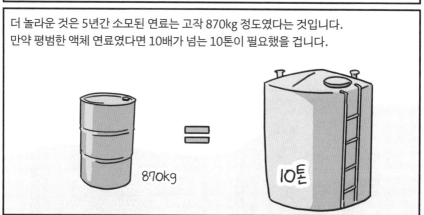

완전 좋은데?
자동차 연료도
이걸로 바꾸자!
이온엔진의 추력이
방귀 한 방과 비슷한
수준이라 무리입니다.
왜 가질 못하니!

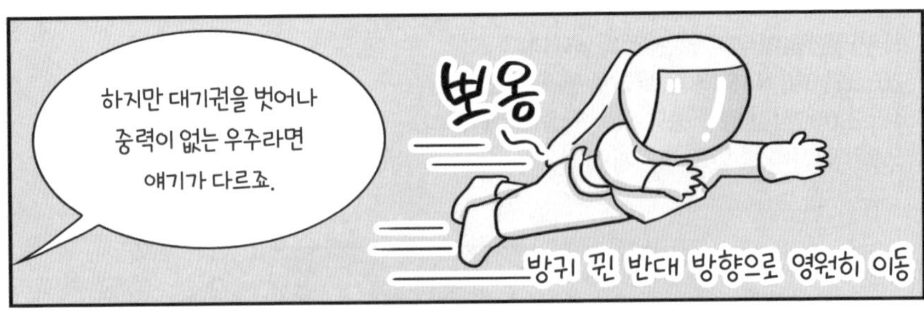
하지만 대기권을 벗어나
중력이 없는 우주라면
얘기가 다르죠.
뽀옹
방귀 뀐 반대 방향으로 영원히 이동

Xe

이온엔진은 연료로 '제논'을 사용합니다.
맛, 색, 냄새가 없고,
불활성 기체여서 폭발 위험도 없죠.

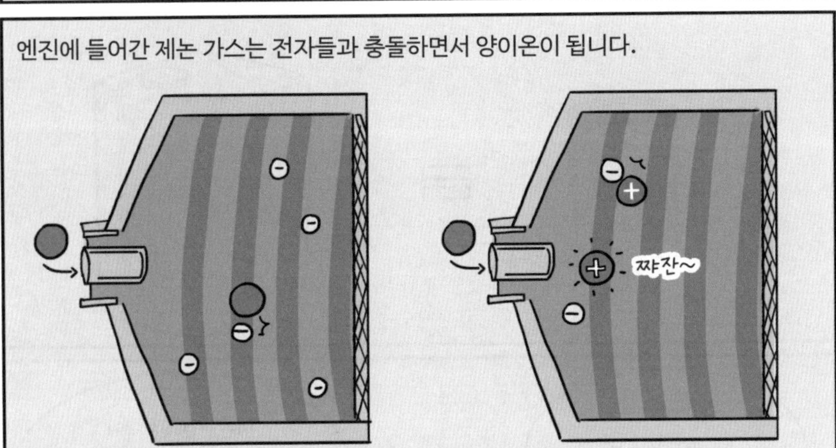
엔진에 들어간 제논 가스는 전자들과 충돌하면서 양이온이 됩니다.
짜잔~

양이온이 된 제논 가스는 엔진 뒤에 구멍 난 금속판을 통과하면서
작용 반작용을 불러일으키고, 우주선은 추진력을 얻게 됩니다.
뽀오옹~

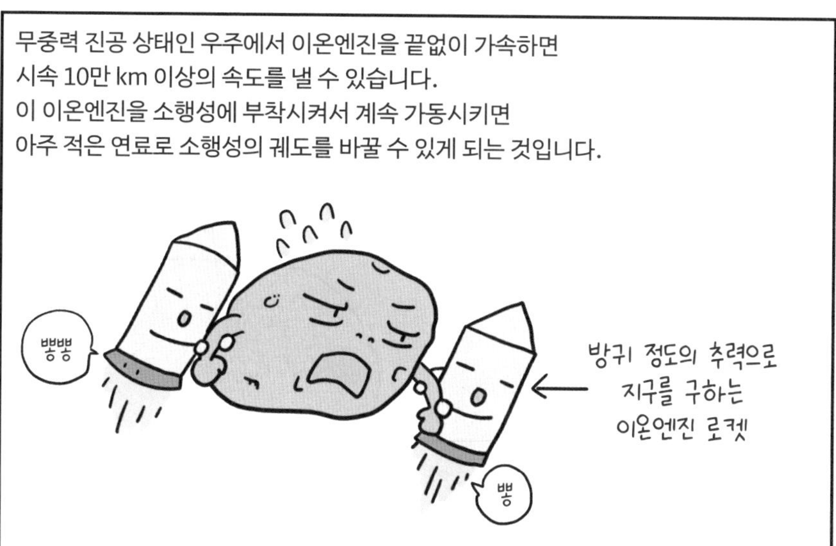
무중력 진공 상태인 우주에서 이온엔진을 끝없이 가속하면
시속 10만 km 이상의 속도를 낼 수 있습니다.
이 이온엔진을 소행성에 부착시켜서 계속 가동시키면
아주 적은 연료로 소행성의 궤도를 바꿀 수 있게 되는 것입니다.
뿡뿡
방귀 정도의 추력으로 지구를 구하는 이온엔진 로켓
뿡

실제로 NASA에서 2021년 11월에
이온엔진으로 가는 우주선을 쏘아 올렸습니다.
바로 '**DART**(Double Asteroid Redirection Test)'
우주선 입니다.

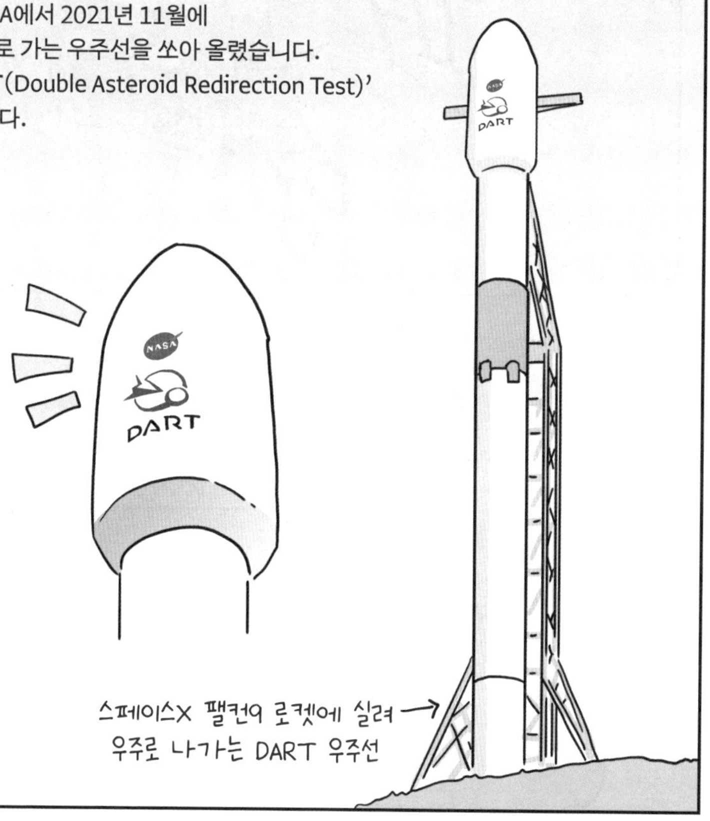

NASA
DART

스페이스X 팰컨9 로켓에 실려
우주로 나가는 DART 우주선

지구에서 1,100만 km 떨어진 '디모르포스(Dimorphos)'란 소행성과 2022년에 10월 충돌하는 게 목표였죠.

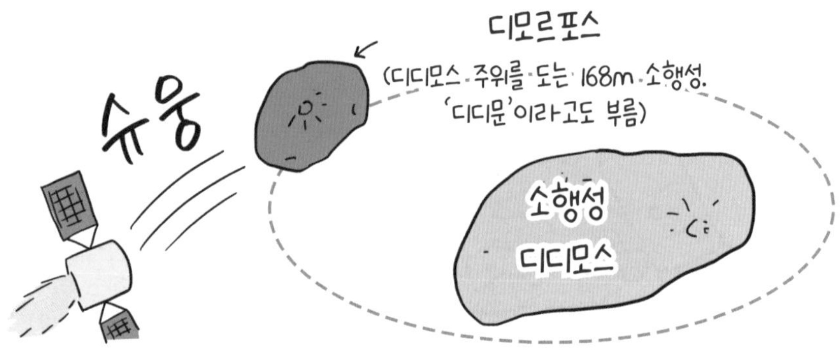

퍼엉

디모르포스

실제로 소행성을 막는 걸 볼 수 있는 건가요?

이번에는 디모르포스의 궤도를 바꿀 정도로 강력하지 않습니다. 하지만 앞으로 소행성 충돌을 막을 데이터를 얻을 수 있는 귀중한 실험이죠.

토옥

실험이라지만
디모르포스에 큰 충격을 주면
잘못해서 지구로 바로
날아올 수도 있으니까요.
PLANETARY DEFENSE
COORDINATION OFFICE
HIC SERVARE DIEM
만약 디모르포스의 궤도가
지구로 향하면
부서 이름이 지구공격대로
바뀌겠죠….
NASA의 지구 방어 담당자 린들리 존슨

2022년 9월 27일(한국시각). 디모르포스에 NASA의 DART 우주선이 정확하게 충돌했습니다. 인류가 최초로 소행성으로부터 지구를 방어하는 미션에 성공한 것이죠. 충돌 직후 DART 주변에 대기하던 큐브위성이 부서진 디모르포스의 잔해를 감시하기 위해 도착했습니다. 이를 바탕으로 과학자들은 소행성과 관련된 더 많은 연구를 진행할 것입니다. 이번 미션은 60년간 발달한 항공우주 기술은 물론, 우주 프로그램이 우리 모두에게 얼마나 중요한지도 깨닫게 해주었습니다.

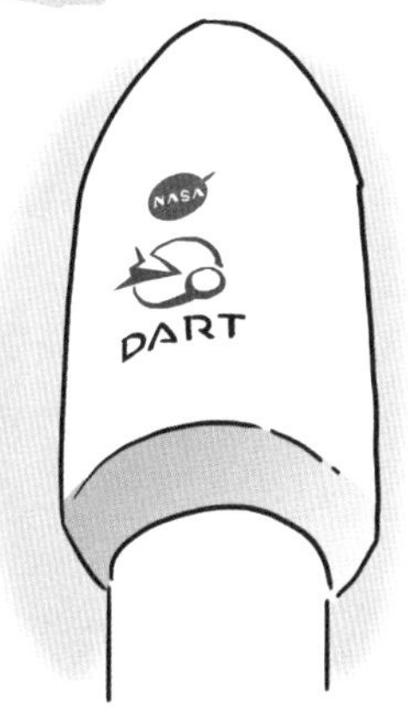
NASA
DART

우와~ 과학기술로 공룡과
다른 운명을 만드는 거네요!
역시 인간은 답을 찾습니다.
늘 그랬듯이~

참고자료

1. 공룡의 DNA가 있다면 정말 '쥬라기 공원'을 만들 수 있을까?

- Frank Emmert-Streib & Matthias Dehmer & Olli Yli-Harja, "Lessons from the Human Genome Project: Modesty, Honesty, and Realism", NIH, 2017.11.23.
- Jeremy M. Berg & John L. Tymoczko & Lubert StryerJeremy M. Berg & John L. Tymoczko & Lubert Stryer, 《Stryer 생화학》, 고문주, 범문에듀케이션, 2020.
- 조진호, 《게놈 익스프레스》, 위즈덤하우스, 2016.

2. 죽지 않고 계속해서 살아 움직이는 '좀비 세포'가 있다고?

- Claiborne R & Wright S, "How One Woman's Cells Changed Medicine". ABC News, 2010.2.1.
- Denise M. Watson, "Cancer killed Henrietta Lacks - then made her immortal", The Virginian-Pilot, 2010.5.10.
- Puck TT & Marcus PI (1955). A Rapid Method for Viable Cell Titration and Clone Production With Hela Cells In Tissue Culture: The Use of X-Irradiated Cells to Supply Conditioning Factors. *Proc Natl Acad Sci U S A*, 41 (7): 432-437.
- Rahbari R & Sheahan T & Modes V & Collier P & Macfarlane C & Badge RM (2009). A novel L1 retrotransposon marker for HeLa cell line identification. *BioTechniques*, 46 (4): 277-84.
- Van Smith, "Wonder Woman: The Life, Death, and Life After Death of Henrietta Lacks, Unwitting Heroine of Modern Medical Science", <Baltimore City Paper>, 2002.4.17.
- 함예솔, "영원히 안 죽는 세포 '헬라'", <이웃집과학자>, 2020.10.22.
- 포항공과대학교 생물물리학 연구실 도움

3. 실험실에서 만들어지는 고기는 무슨 맛일까?

- Amy Fleming, "What is lab-grown meat? How it's made, environmental impact and more", <BBC science focus>, 2022.6.9.
- DGIST 학생창업기업 씨위드 도움

4. 사람의 유전자를 조작하는 것은 가능할까?

- "그레고어 멘델", 위키피디아, https://ko.wikipedia.org
- 이종필, "멘델의 유전법칙과 재발견", <동아사이언스>, 2020.11.26.
- 짐 홀트, 《아이슈타인이 괴델과 함께 걸을 때》, 노태복 옮김, 소소의책, 2020.

5. 만약 지구 생명체의 절반이 사라지면 무슨 일이 벌어질까?

- Andy Golder, "What Would Happen If The Ending To "Infinity War" Happened IRL?", BuzzFeed, 2018.4.30.
- David Anderson & Shira Polan, "There are 7.7 billion humans on Earth today. Here's what would actually happen if Thanos destroyed 50% of all life on the planet.", Business Insider, 2019.4.26.
- "World Population", Worldometer, https://www.worldometers.info/kr/
- "세계인구", 위키피디아, https://ko.wikipedia.org/wiki/세계_인구
- 세바스찬 알바라도, 《마블이 설계한 사소하고 위대한 과학》, 박지웅 옮김, 하이픈, 2019.

6. 모기가 멸종되면 생태계에 영향이 생길까?

- Claire Bates, “Would it be wrong to eradicate mosquitoes?”, BBC News, 2016.1.28.
- Kyrou, Kyros & Hammond, Andrew & Galizi, Roberto & Kranjc, Nace & Burt, Austin & Beaghton, Andrea & Nolan, Tony & Crisanti, Andrea. (2018). A CRISPR-Cas9 gene drive targeting doublesex causes complete population suppression in caged Anopheles gambiae mosquitoes. *Nature Biotechnology*, 36: 1062-1066.
- Neil Bowdler, “Malaria deaths hugely underestimated - Lancet study”, BBC News, 2012.2.3.
- Rachel Feltman and Sarah Kaplan, “Dear Science: Why can’t we just get rid of all the mosquitoes?”, <The Washington Post>, 2016.8.1.
- “The Human Race and Condition: Is it true that mosquitoes have killed more than half of all the people who have ever lived?”, Quora, 2015. https://www.quora.com/The-Human-Race-and-Condition-Is-it-true-that-mosquitoes-have-killed-more-than-half-of-all-the-people-who-have-ever-lived
- Toshiko Kaneda, “How Many People Have Ever Lived on Earth?”, <PRB>, 2021.5.18.
- 티모시 C. 와인가드, 《모기》, 서종민 옮김, 커넥팅, 2019.

7. 새들은 어떻게 이성을 유혹할까?

- BBC earth, “Bird Of Paradise: Appearances COUNT!”, Youtube, 2015.12.31. https://youtu.be/iTmHtxJpEWE
- “Western Parotia”, The Australian Museum, 2019.8.4. https://australian.museum/about/history/exhibitions/birds-of-paradise/western-parotia/

8. 인류를 가장 많이 살린 동물은 무엇일까?

- NC3Rs, <동물복지에 입각한 실험동물의 종별 사육조건>, 이태준·전체은·한이승, 동물을 위한 행동, 2020.
- 이화림, "실험용 쥐의 생애", <포함공대신문>, 2008.1.1.
- 경희대학교 산업미생물학 연구실 도움

9. 코로나 백신은 어떻게 만들어질까?

- Amy McKeever, "Why vaccines are critical to keeping diseases at bay", <National Geographic>, 2020.4.10.
- Amy McKeever & National Geographic Staff, "Here's the latest on COVID-19 vaccines", <National Geographic>, 2021.8.30.
- Norbert Pardi & Michael J. Hogan & Frederick W. Porter & Drew Weissman (2018). mRNA vaccines-a new era in vaccinology. *Nature Reviews Drug Discovery*, 17: 261-279.
- Nsikan akpan, "Moderna's mRNA vaccine reaches its final phase. Here's how it works", <National Geographic>, 2020.7.28.
- "Understanding How Vaccines Work", CDC, 2022.5.23. https://www.cdc.gov/vaccines/hcp/conversations/understanding-vacc-work.html
- "한국어 안내 자료", CDC, 2022.8.8. https://www.cdc.gov/coronavirus/2019-ncov/communication/index-kr.html

10. 혼자서 움직이는 자율주행차는 언제 상용화될까?

- Business insider, "why don't we have self-driving cars yet?", Youtube, 2019.8.26. https://youtu.be/SE3gXRKBNHc
- greentheonly, "paris streets in the eyes of tesla autopilot", Youtube, 2018.9.25. https://youtu.be/_1MHGUC_BzQ
- "why don't we have self-driving cars yet?", CNBC, 2019.11.30. https://www.cnbc.com/video/2019/11/30/why-we-dont-have-self-driving-cars-yet.html

11. 공부를 할 때 우리 뇌 속에서는 어떤 변화가 일어날까?

- 도진국, <뇌혈관 혈류역학의 기본개념>, 《Journal of Neurosonology》, 2(1):1-4, 2010.
- DGIST 뇌공학융합연구센터 연구실 도움

12. 오줌을 끝까지 참으면 어떻게 될까?

- “How long is it safe to hold your urine?”, Piedmont healthcare, https://www.piedmont.org/living-better/how-long-is-it-safe-to-hold-your-urine
- Jon Johnson, “Is it safe to hold your pee? Five possible complications”, Medical news today, 2021.11.16.
- Kathryn Watson, “How Long Can You Go Without Peeing?”, helthline, 2019.7.30.
- Selius, Brian & Subedi, Rajesh. (2008). Urinary retention in adults: Diagnosis and initial management. *American family physician*. 77: 643-50.
- “Training your bladder”, Harvard medical school, 2010.4.20. https://www.health.harvard.edu/healthbeat/training-your-bladder

13. 만약 지구의 자전 속도가 2배 빨라진다면?

- Peter Gibbs, “What would happen if the Earth spun the other way?”, <BBC science focus>, 2011.1.24.
- Sabrina Stierwalt, “What if the Earth rotated twice as fast?”, Curious About Astronomy? Ask an Astronomer, 2015.6.27.
- Sarah Fecht, “What if the speed of Earth’s rotation suddenly got faster?”, <Popular Science>, 2021.6.1.
- Sid Perkins, “Ancient eclipses show Earth’s rotation is slowing”, <science>, 2016.12.6.
- Stephenson F. R. & Morrison L. V. & Hohenkerk C. Y. (2016).

Measurement of the Earth's rotation: 720 BC to AD 2015. *royal society publishing A*, 472(2196).

14. 우주에서 1년을 살면 우리 몸엔 어떤 변화가 일어날까?

- da Silveira, W. A. & Fazelinia, H. & Rosenthal, S. B. & Laiakis, E. C. & Kim, M. S. & Meydan, C. & Kidane, Y. & Rathi, K. S. & Smith, S. M. & Stear, B. & Ying, Y. & Zhang, Y. & Foox, J. & Zanello, S. & Crucian, B. & Wang, D. & Nugent, A. & Costa, H. A. & Zwart, S. R. & Schrepfer, S. & Beheshti, A. (2020). Comprehensive Multi-omics Analysis Reveals Mitochondrial Stress as a Central Biological Hub for Spaceflight Impact. *Cell*, 183(5): 1185-1201.
- Garrett-Bakelman, F. E. & Darshi, M. & Green, S. J. & Gur, R. C. & Lin, L. & Macias, B. R. & McKenna, M. J. & Meydan, C. & Mishra, T. & Nasrini, J. & Piening, B. D. & Rizzardi, L. F. & Sharma, K. & Siamwala, J. H. & Taylor, L. & Vitaterna, M. H. & Afkarian, M. & Afshinnekoo, E. & Ahadi, S. & Ambati, A. & … Turek, F. W. (2019). The NASA Twins Study: A multidimensional analysis of a year-long human spaceflight. *Science*, 364(6436).
- "Human Research Program", NASA, https://www.nasa.gov/twins-study/omics-comes-alive
- Jason Perez, "NASA's Twins Study Results Published in Science Journal", NASA, 2019.4.12.
- Luxton, Jared & McKenna, Miles & Taylor, Lynn & George, Kerry & Zwart, Sara & Crucian, Brian & Drel, Viktor & Butler, Daniel & Gokhale, Nandan & Horner, Stacy & Foox, Jonathan & Grigorev, Kirill & Bezdan, Daniela & Meydan, Cem & Smith, Scott & Sharma, Kumar & Mason, Christopher & Bailey, Susan. (2020). Temporal Telomere and DNA Damage Responses in the Space Radiation Environment. *Cell*, 8;33(10).

15. 우주복은 왜 이렇게 비쌀까?

- Dave Mosher & Jenny Cheng, "Here's every key spacesuit NASA astronauts have worn since the 1960s — and new models that may soon arrive", business insider, 2019.3.27.
- NASA, "NASA's management and development of spacesuits", Report No. IG-17-018, 2017.
- "The History of Spacesuits", NASA, 2008.9.16. https://www.nasa.gov/audience/forstudents/k-4/stories/history-of-spacesuits-k4.html
- 한국항공우주산업진흥협회, <우주복의 실체>,《航空宇宙》, 94: 50-51. 2007.

16. 운석이 떨어지면 핵폭탄으로 막을 수 있을까?

- Breanna Bishop, "New research explores asteroid deflection using spacecraft to crash into body at high speeds", LLNL, 2016.2.16.
- Bruck Syal, Megan & Owen, J. & Miller, Paul. (2016). Deflection by Kinetic Impact: Sensitivity to Asteroid Properties. *Icarus*, 269: 50-61.
- Charles El Mir & KT Ramesh & Derek C. & Richardson. A. (2019). new hybrid framework for simulating hypervelocity asteroid impacts and gravitational reaccumulation. *Icarus*, 321: 1026-1037.
- "Double Asteroid Redirection Test Mission Resources", NASA SCIENCE, https://science.nasa.gov/missions/dart/resources
- Eddie Irizarry, "Online viewing of large asteroid rescheduled for April 29", Earthsky, 2020.4.29.
- Nadia Drake, "Why NASA plans to slam a spacecraft into an asteroid", <National Geographic>, 2020.4.29.
- Paul Chodas & Steve Chesley & Jon Giorgini & Don Yeomans & Center for NEO Studies, "Radar Observations Refine the Future Motion of Asteroid 2004 MN4", NASA Jet Propulsion Laboratory, 2005.2.3.
- 잭 와이너스미스 & 켈리 와이너스미스,《이상한 미래 연구소》, 곽영진 옮김, 시공사, 2018.

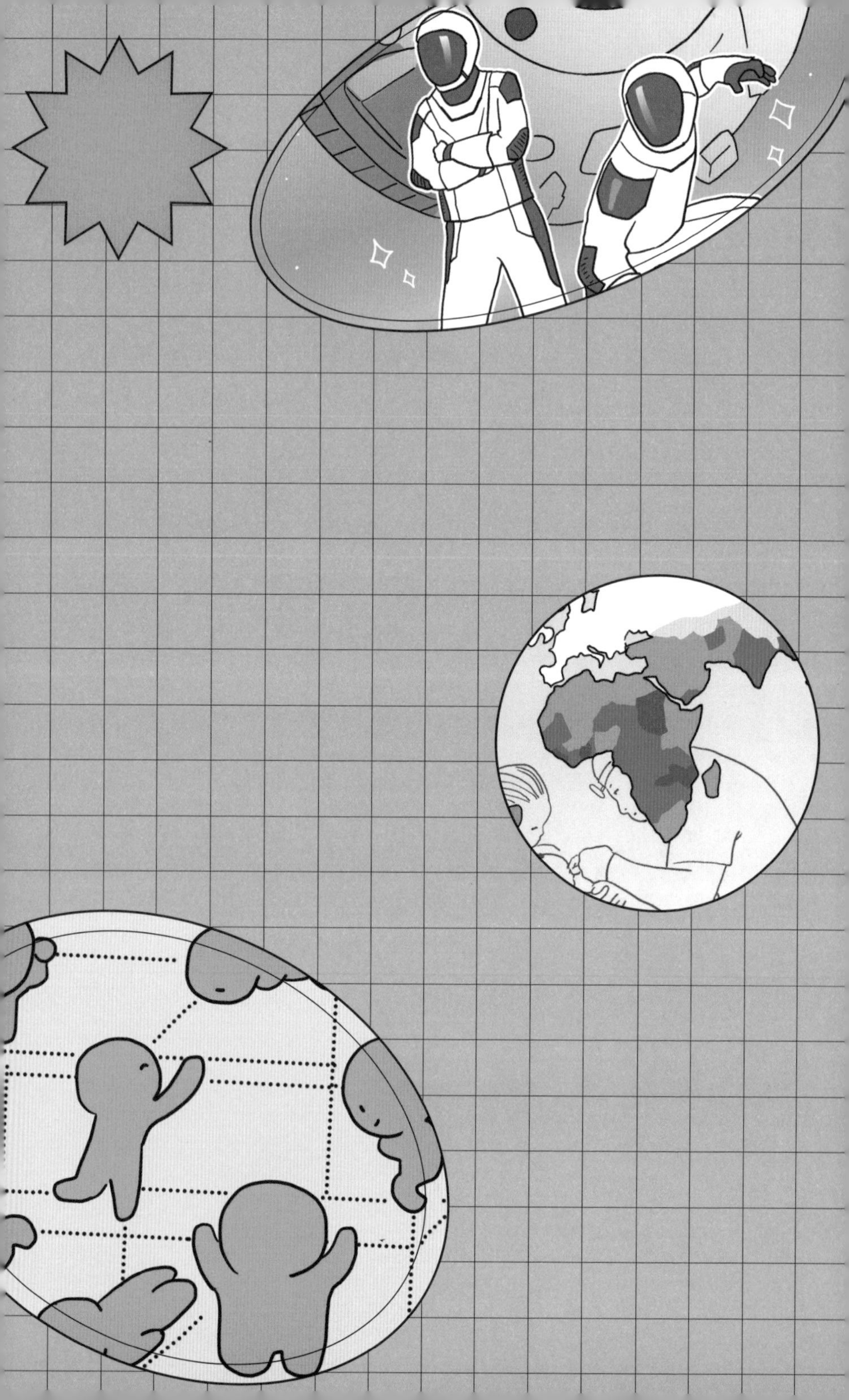

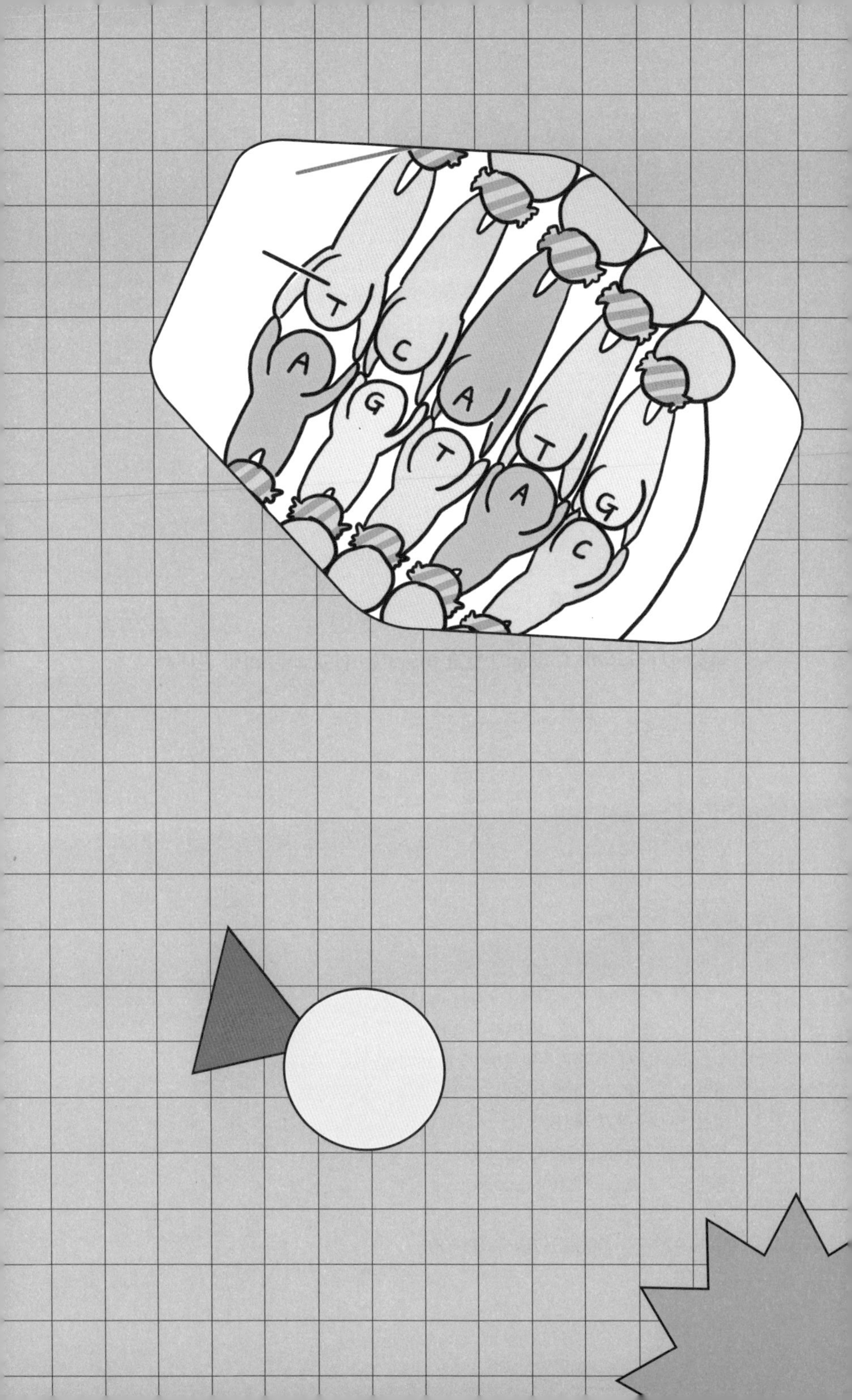

요즘 과학

세포에서 우주까지, 한눈에 보고 이해하는 쉽고 빠른 과학 안내서

1판 1쇄 펴냄 | 2022년 12월 5일

지은이 | 이민환
그　림 | 이솔이
발행인 | 김병준
편　집 | 허태준
디자인 | 권성민
마케팅 | 차현지
발행처 | 생각의힘

등록 | 2011. 10. 27. 제406-2011-000127호
주소 | 서울시 마포구 독막로6길 11, 우대빌딩 2, 3층
전화 | 02-6925-4184(편집), 02-6925-4188(영업)
팩스 | 02-6925-4182
전자우편 | tpbook1@tpbook.co.kr
홈페이지 | www.tpbook.co.kr

ISBN 979-11-90955-76-8 (03400)